MW01120350

给孩子的数学三书

原来数学可以这样学

刘薰宇 著

MATH

数学趣味

团结出版社

序

我中学时代最不欢喜数学，最欢喜图画，常常为了图画而抛荒数学课。看见某画理书上说："学数学与学图画，头脑的用法相反，故长于数学者往往不善图画，长于图画者往往不善数学。"我得了这句话的辩护，便放心地抛荒数学课，仿佛数学越坏，图画会越好起来似的。现在回想觉得可笑又可惜，放弃了青年时代应修的一种功课。我一直没有尝过数学的兴味，一直没有游览过数学的世界，到底是损失！

最近给我稍稍补偿这损失的，便是这册书里的几篇文章。我与薰宇相识后，他便做这些文章。他每次发表，我都读，诱我读的，是它们的富有趣味的题材。我常不知不觉地被诱进数学的世界里去。每次想：假如从前有这样的数学书，也许我不会抛荒数学，因而不会相信那画理书上的话。我曾鼓励薰宇续作，将来结集成书。现在书就将出版了，薰宇要我作序。数学的书，叫我这从小抛荒数学的人作序，也是奇事。而我居然作了，更属异闻！序，似乎应该是对于全书的内容有所品评或阐发的，然而我的序没有，只表示我是每篇的爱读者而已。——唯其中"韩信点兵"一篇给我的回想很不好：这篇发表时，我正患眼疾，医生叮嘱我灯下不可看书，而我接到杂志，竟在灯下一口气读完了。次日眼睛很痛，又去看医生。

一九三三年耶稣诞节

子恺

致读者

　　我有一个怪癖——胡思乱想。闲来无事，独自一个人坐着，不用说，只是胡思乱想。就是吃饭、走路的当儿，仍然胡思乱想。甚至许多人在一起谈得兴会淋漓的时候，我也会突然默默地不顾一切地发呆。

　　我的胡思乱想也有一点儿奇怪，并非天南地北、海阔天空地毫无边际，只是由一个什么诱因一直线地连续下去，有时竟连续两三天，全在这条线上循环往复。

　　我胡思乱想的路不过两条：一条非数学的，一条数学的。我会想到一个没有鼻子的人，怎样生活下去；也会想到一个长着翅膀的人怎样在天空中翱翔，怎样快活或怎样倒霉。这些属于非数学的一类。自然说它们是文学的似乎更恰当些，但我的笔太笨了，不能将它们写成童话，所以不敢"掠美"用"文学的"这一个词。

　　数学的胡思乱想，占据我的时间差不多有三分之一以上。我是不喜欢孤独的，然而我的命运常常使我困在孤独里面。我有许多朋友，很奇怪的是，这些被我热心、诚敬称为朋友的人，没有一个把我登记在他的朋友录里。我不出去找人，永远不会有人光临到寒舍。我去找朋友时，总使他们心里不高兴。因为我怕孤寂，找到了朋友，就舍不得离开。我常常觉得这损人利己的勾当不是办法，于是鼓起勇气孤零零地坐在屋里，这时，陪伴我的大半是数学的胡思乱想。在生活上，遇到坎坷，走投无路，我总是读数学，或用数学的胡思乱想来使自己镇静。数学是我的朋友，是唯一肯给我慰藉的朋友，然而我却没有想成数学家的野心。

我的数学的胡思乱想，站在数学的立场说，全是上天下地地跑野马。有时我想到极深奥的问题，有时我想的却只是小学生的问题。我走上电车、公共汽车，或火车，总要看那张车票的号头，将它来分因子，将各因子两两三三地乘乘除除。比如车票的号头是6552，凭我的力量一眼就知道它含有一个因子8和一个因子9，再看又知道还含有一个因子7。八九七十二，7乘72得504，我便用504去除6552得到13，它是个质数，分解因子的想法才就此停止。以后便用12, 24, 14, 28, 56, 26, 39……一切2, 4, 8, 3, 9, 7, 13中两个数以上的乘积，去除6552。这样的胡思乱想，使我忘掉同车没有朋友的寂寞。假如车票的号头是一个一眼望去就可知道的质数，这一次的乘车经历对我来说就很痛苦。

我最怕一个人步行，走路得当心，不便胡思乱想，然而我在一个人走路的时候，一样怕寂寞，唯一驱赶寂寞的方法便是数步数。

无论分因子、数步数或胡思乱想到别的深深浅浅的问题，都只是把它当作排遣孤寂的方式，并不追求什么结果。我的住室在楼下，每次上下的梯子，总数过好几百次，但是若要问这梯子有几级，我还需去数了才回答得上来。

这本小册子里所结集的十来篇东西，有两个来源：一是被逼得无可奈何时的文债，一是胡思乱想的结果。本来，这些不成什么器皿的东西，将它们发表已属多事；发表过了，还要结集起来，成单行本，更是多事中的多事。既然知道这样，为什么还要自讨苦吃呢？这也有点儿小小的原因：自从发表过四、五篇后，书店和我便常常接到一些爱读青年的信，一是要我多写，一是要我将它们结集起来出单行本。其中有两封最使我感动，它们都是一二八以后的。那信上说，他们在《中学生》上很喜欢读《数学讲话》，一直是保存起来的，因为他们住在闸北，一二八逃难竟失去了，补也补不齐，望我出单行本给他们以便有机会再读。不过那时才只有五六篇，在量上未免单薄一些，所以拖延到现在才来报答这些喜欢它们的朋友的雅意。

至于写，我很抱歉，久已不动笔了，更说不到多。其原因是个人生活的忙碌。在忙碌中虽然一样地胡思乱想，但这胡思乱想的直线都很短，写不成什么东西。此后我希望能有更多胡思乱想的时间，写出一点儿东西。孤寂呢，因生活的忙碌不但没有减少，有时反而增加深度。无论如何只希望胡思乱想的直线，能有拉得较长的机会。

因为这十来篇东西只是胡思乱想的结果，所以它们彼此之间没有较多的关联，不过有两点似乎是相同的：许多人以为数学是枯燥、繁杂、令人头痛、不切实用的学科，因而望而却步。打破这种观念，这是第一个共同的企图。

许多人以为学习数学，只要呆记书本上的法则、公式、定理等等，再将练习题做完，这就算全部掌握了。其实书本上的知识不但有限，而且也太固定了，我们所能遇见的更鲜活的材料不知有多少。将死板的方法用到这些活泼的材料上去，使它俩相得益彰，这是一条学习的正轨。学习不但要收集一些材料，还要掌握一些方法。掌握方法比收集材料更有效果。比如说，鸡兔同笼这一类题，什么算术课本里都有，掌握它的算法固然重要，而学习怎样思索出那算法来更重要，不是吗？它的算法是从假设全体是鸡或兔起步的，知道第一步以后便容易了。对于这类题怎样才能想出这第一步的假设法来，便是思索的方法和问题。暗示处理材料和思索问题的方法，这是第二个共同的企图。

自然，这小册子并不会完全达到这两个企图，这是我的力量的问题，深感抱歉！

目录
CATALOG

一、数学是什么……………………………………………1

二、数学所给与人们的……………………………………10

三、数的启示………………………………………………17

四、从数学问题说到我们的思想…………………………23

五、恨点不到头……………………………………………37

六、堆罗汉…………………………………………………48

七、八仙过海………………………………………………64

八、棕榄谜…………………………………………………89

九、韩信点兵……………………………116

十、王老头子的汤圆……………………139

十一、假如我们有十二根手指……………165

数学是什么

1

这里所要说明的"数学"这一个词，包含着算术、代数、几何、三角等等在内。用英文名词来说，那就是Mathematics。它的定义，照平常的想法，非常简单、明了，几乎用不到再说明。若真要说明，问题却有很多。且先举罗素（Russell），在他所著的《数理哲学》提出的定义，真是叫人莫名其妙，好像在开玩笑一样。他说：

"Mathematics is the subject in which we never know what we are talking about nor whether what we are saying is true."

将这句话粗疏地翻译出来，就是：

"数学是这样一回事，研究它这种玩意儿的人也不知道自己究竟在干些什么。"

这样的定义，它的惝恍迷离，它的神奇莫测，真是"不说还明白，一说反糊涂"。然而，要将已经发展到现在的数学的领域统括得完全，要将它繁复、灿烂的内容表示得活跃，好像除了这样也没有别的更好的话可说了。所以伯比里慈（Papperitz）、伊特耳生（Itelson）和路易•古度拉特（Louis Couturat）几位先生对于数学所下的定义也是和这个气味相同。

对于一般的数学读者，这定义，恐怕反而使大家坠入五里雾中，因此拨云雾见青天的工作似乎少不了。罗素所下的定义，它的价值在什么地方呢？它所指示的是什么呢？要回答这些问题，还是用数学的其他定义来相比较更容易明白。

在希腊，亚里士多德（Aristotle）那个时代，不用说，数学的发展还很幼稚，领域也极狭小，所以只需说数学的定义是一种"计量的科学"，便可使人心满意足了。可不是吗？这个定义，初学数学的人是极容易明白、满足的。他们解四则问题、学复名数的计算，再进到比例、利息，无一件不是在计算量。就是学到代数、几何、三角，也还不容易发现这个定义的破绽。然而仔细一想，它实在有些不妥帖。第一，什么叫作量，虽然我们可以用一般的知识来解释，但真要将它的内涵弄明白，也不容易。因此用它来解释别的名词，依然不能将那名词的概念明了地表示出来。第二，就是用一般的知识来解释量，所谓计量的科学这个谓语也不能够明确地划定数学的领域。像测量、统计这些学科，虽然它们各有特殊的目的，但也只是一种计量。由此可知，仅仅用"计算的科学"这一个谓语联系到数学而成一个数学的定义，未免广泛了一点。

若进一步去探究，这个定义的欠缺还不止这两点，所以孔德（Comte）就加以修改而说："数学是间接测量的科学。"照前面的定义，数学是计量的科学，那么必定要有量才有可计算的，但它所计的量是用什么手段得来的呢？用一把尺子就可以量一块布有几尺几寸宽、几丈几尺长；用一杆秤就可以量一袋米有几斤几两重，这自然是可以直接办到的。但若是测量行星轨道的广狭、行星的体积，或是很小的分子的体积，这些就不是人力所能直接测定的，然而由数学的方法可以间接将它们计算出来。因此，孔德所下的这个定义，虽然不能将前一个定义的缺点完全补正，但总是较进一步了。

孔德究竟是十九世纪前半期的人物，虽然他是一个不可多得的哲学家和数学家，但在他的时代，数学的领域远不及现在广阔，如群论、位置解析、投影几何、数论以及逻辑的代数等，这些数学的支流的发展，都是他以后的事。而这些支流和量或测量实在没什么关系。即如笛沙格

（Desargues）所证明的一个极有兴味的定理："两三角形的顶点若在集交于一点的三直线上，则它们的相应边的交点就在一条直线上。"

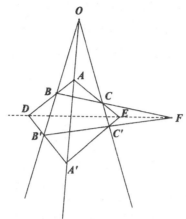

这个定理的证明，就只用到位置的关系，和量毫不相干。数学的这种进展，自然是轻巧地将孔德所给的定义攻破了。

到了1970年，皮尔士（Peirce）就另外给数学下了一个这样的定义：

"数学是产生'必要的'结论的科学。"

不用说，这个定义比以前的都广泛得多，它已离开了数、量、测量等这些名词。我们知道，数学的基础是建筑在几个所谓公理上面的。从方法上说，不过由这几个公理出发，逐渐演绎出去而组成一个秩序井然的系统。所谓公式、定理，只是这演绎所得的结论。

照这般说法，皮尔士的定义可以说是完整无缺吗？

不！依了几个基本的公理，照逻辑的法则演绎出的结论，只是"必然的"。若说是"必要"，那就很可怀疑。我们若要问怎样的结论才是必要的，这岂不是很难回答吗？

更进一步说，现在的数学领域里面，固然大部分还是采用着老方法，但像皮亚诺（Peano）、布尔（Boole）和罗素这些先生们，却又走着一条相反的途径，对于数学的基础的研究他们要掉一个方向去下寻根问底的工夫。

于是，这个新鲜的定义又免不了摇动。

关于这定义的改正，我们可以举出康伯（Kempe）的来看，他说：

"数学是一种这样的科学，我们用它来研究思想的题材的性质的。而这里所说的思想，是归依到含着相异和相同，个别和复合的一个数的概念上面。"

这个定义，实在太严肃、太文气了，而且意味也有点儿含混。在康伯以后，布契（Bôcher）把它改变了一下，便这样说：

"倘若有某一群的事件与某一群的关系，而我们所要研究的问题，又单只是这些事件是否适合于这些关系，这种研究便称为数学。"

在这个定义中，有一点最值得注意，布契提出了"关系"这一个词来解释数学，它并不用数咧、量咧这些家伙，因此很巧妙地将数学的范围扩张到"计算"以外。

假如我们只照惯用的意义来解释"计算"，那么，到了现在，数学中有些部分确实和计算没有什么因缘。

也就因为这个缘故，我喜欢用"数学"这个词来译Mathematics，而不喜欢用"算学"。虽然"数"字也还不免有些语病，但似乎比"算"字来得轻些。

倘使我们再追寻一番，我们还可以发现布契的定义也并不是"悬诸国门不能增损一字"的。不过这种工夫越来越细微，也不容易理解。而我这篇东西不过想给一般的数学读者一点儿数学的概念，所以不再往里面穷追了。

将这个定义来和罗素所下的比较，虽然距离较近，但总还是旨趣悬殊。那么，罗素的定义果真是开玩笑吗？

我是很愿意接受罗素的定义的，为了要将它说得明白些，也就是要将数学的定义——性质——说得明白些，我想这样说：

"数学只是一种符号的游戏。"

假如，有人觉得这样太轻佻了一点儿，严严正正的科学怎么能说它是"游戏"呢？那么，这般说也可以：

"数学是使用符号来研究'关系'的科学。"

对于数学这种东西，读者大都有过这样的疑问，这有什么意思呢？这有什么用呢？本来它不过让你知道一些关系，以及从某种关系中推演出别的关系来，而关系的表出大部分又只靠着符号，这自然不能具体地给出什么用场和意义了。

为了解释明白上面提出的定义，我想从数学中举些例子来讲，更方便些。

一开头我们就看"一加二等于三"。

在这一个短短的句子里，照句子法上的说法，总共是五个词："一""二""三""加""等于"。这五个词，前三个是一类，后两个又是一类。什么叫"一"？什么叫"二"？什么叫"三"？这实在不容易解答。它们都是数，数是抽象的，不是吗？我们能够拿一个铜板、一支铅笔、一个墨水瓶给人家看，但我们拿不出"一"来，"一"是一个铜板、一支铅笔、一个墨水瓶。一个这样，一个那样，这些的共相。从这些东西我们认识出这共相，要自己保存，又要传给别人，不得不给它起一个称呼，于是就叫它是"一"。我为什么叫"薰宇"，倘若你要问我，我也回答不上来，我只能说，这只是一个符号，有了它方便你们称呼我，让你们在茶余酒后要和朋友们批评我、骂我时，说起来方便些，所以"薰宇"两个字是我的符号。同样地，"一"就是一个铜板、一支铅笔、一个墨水瓶……这些东西的共相的符号。这么一说，自然"二"和"三"也一样只是符号。

至于"加"和"等于"在根源上要说它们只是符号，一样也可以，不过从表面上说，它们表示一种关系。所谓"一加二"是表示"一"和"二"这两个符号在这里的关系是相合；所谓"等于"是表示在它前后的两件东西在量上相同。所以归根到底"一加二等于三"只是三个符号和两个关系的联缀。

单只这么一个例子，似乎还不能够说明白。再举别的例子吧，假定你是将代数学完了的，我们就可以从数的范围的逐渐扩大来说明。

在算术里我们用的只是1，2，3，4……这些数，最初跨进代数的门槛，遇到a, b, c, x, y, z，总有些不习惯。你对于二加三等于五，并不惊奇，并不怀疑；对于二个加三个等于五个，也不惊奇，也不怀疑；但对于$2a + 3a = 5a$你却怔住了，常常觉得不安心，不知道你在干什么？其实呢， $2a + 3a = 5a$和$2 + 3 = 5$对于你的习惯来说，后者不过更像符号而已。有了这一个使用符号的进步，许多关系来得更简单、更普遍，不是吗？若是将$2a + 3a = 5a$具体化，认为a是一只狗的符号，那么这关系所表示的便是两只狗碰到了三只狗成为五只狗；若a是一个鼻头的符号，那么，这关系所表示的便是两个鼻头添上三个鼻头总共就成了五个鼻头。

再掉转一个方向来看，在算术中除法常有除不尽的时候，比如$2 \div 3$。遇见这样的场合，我们便有几种方法表示：

    （1） $2 \div 3 = 0.667$弱

    （2） $2 \div 3 = 0.6 \cdots\cdots 2$

    （3） $2 \div 3 = 0.\dot{6}$

    （4） $2 \div 3 = \dfrac{2}{3}$

第一种只是一个近似的表示法；第二种表示得虽正确，但用起来不方便；第三种是循环小数，关于循环小数的计算，那种苦头你总尝到过；第四种是分数，$\dfrac{2}{3}$是什么？你已知道就是3除2的意思。对了，只是"意思"，毕竟没有除。这和3除6得2的意味终是不同的。所谓"意思"便是"符号"。因为除法有除不尽的时候，所以我们使用"分数"这种符号。有了这种符号，于是我们就可以推究出分数中的各种关系。

在算术里你知道 $5-3=2$，但要碰到 $3-5$ 你就没办法，只好说一句"不能够"。"不能够"？这是什么意思？我替你解释便是没有办法表示这个关系。但是到了代数里面，为了探究一些更普遍的关系，不能不想一个方法来突破这个困难。于是有些人便这样想，$3-5$ 为什么不能够呢？他们异口同声地回答，因为还差2的缘故。这一回答，关系就成立了，"从3减去5差2"。在这个当儿又用一个符号"-2"来表示"差2"，于是这关系就成为 $3-5=-2$。这一来，真是"功不在禹下"。有了负数，我们一则可探讨它自身所包含的一些关系，二则可以将我们已得到的一些关系更普遍化。

又如在乘法中，有时只是一些相同的数在相乘，便给它一种符号，譬如 $a\times a\times a\times a\times a$ 写成 a^5。这么一来，关于这一类的东西又有许多关系可以发现了，例如：

$$a^n \cdot a^m = a^{n+m}$$

$$(a^n)^m = a^{nm}$$

$$\left(\frac{a}{b}\right)^n = \frac{a^n}{b^n}$$

……

不但这样，这里的 n 和 m 还只是正整数，后来却扩张到负数和分数去而得出下面的符号：

$$a^{\frac{p}{q}} = \sqrt[q]{a^p}$$

$$a^{-m} = \frac{1}{a^m}$$

这些符号的使用，是代数所给的便利，学过代数的人都已经知道了，我也不用再说了。

由整数到分数，由正整数到负数，由乘方到使用指数，我们可以看出许多符号的创立和许多关系的产生、繁殖。要将乘方还原，用的是开方，但开方常常会碰钉子，因此就有了无理数，如 $\sqrt{2}$，$\sqrt{3}$，$\sqrt[3]{9}$，$\sqrt[4]{8}$……这不过是一些符号，这些符号经过一番探索，便和乘方所用的指数符号结了很亲密的关系。

总结这些例子来看，除了使用符号和发现关系以外，数学实在没有什么别的花头。倘若你已学过平面三角，那么，我相信你更容易承认这句话。所谓平面三角，不就是只靠着几个什么正弦、余弦这类的符号来表示几个比，然后去研究这些比的关系和三角形中的其他关系吗？

我说"数学是使用符号来研究'关系'的科学"，你应该不至于再怀疑了吧？

在数学中，你会碰到一些实际的问题要你计算，譬如三个十两五钱总共是多少斤。但这只是我们所得的关系的具体化，换句话说，不过是一种应用。

也许你还有一个疑问，数学中的公式和定理固然只是一些"关系"的表现形式，但像定义那类的东西又是什么呢？我的回答是这样，那只是符号的规定。"到一个定点距离相等的一个完全的曲线叫圆"。这是一个定义，但也只是"圆"这个符号的规定。

正正经经地说，数学只是这么一回事，但我仍然高兴地说它是符号的游戏。所谓"游戏"自然不是开玩笑的意思。两个要好的朋友拿着球拍在球场上打网球，并没有什么争胜的要求，然而兴致淋漓，不忍释手，在这时他们得到一种满足，这就是使他们忘却一切的原因，这叫游戏。小孩子独自拿着两块石子在地上造房子，尽管满头大汗，气喘不止，但仍然拼尽全身力气去做，这是游戏。至于为银盾而赛球，为锦标而练习赛跑，这便不是游戏了。还有为了排遣寂寞，约几个人打麻将、喝老酒，这也算不来游戏。就在这意味上，我说"数学是符号的游戏"。

自然，从这游戏中可有些收获——发现一些可以供人使用的关系。但符号使用得越多，所得的关系越不容易具体化。踏到数学的领域的后部，真的，你只见到符号和关系，那些符号、那些关系要说你个明白，就是马马虎虎地说，你也无从下手。

到这一步，好了，罗素便说：

"数学是这样一回事，研究它这种玩意儿的人也不知道自己究竟在干些什么。"

2 数学所给与人们的

　　我想在这篇短文中答复许多人对于我所提出的"数学有什么用"的问题。我希望这一篇简略的述说能引起人们对于数学的伟大功绩的注意，不要低估了它的价值——虽然这对它来说没有任何损伤。

　　只要人的生活不是全然在懵懂混沌中，就没有一个时候——无论多么短——能够脱离数学的关系。张三比李四高一点儿；同样的树，远处的看上去低，近处的看上去高；今天的风比昨天大……这许多的比较都是人心在受到数学的锻炼以后才能获得的。从白马湖要到上海去，就比到宁波去需多备路费，多带零用物品，多留出几天的空闲；准备一月的粮食比备一天的粮食要多储几斗米；没有事到山上去跑的时候，看见太阳已发了红快掉下去，就得放快一点儿脚步才免了黑夜的奔走……这一类的事，也不是从有生以来就不曾受过数学的锻炼的人所能及的。

　　一百页的书打算五天念完，平均每天应当念多少？雇一个人做了三天的工，要给他多少工钱？想缝一件大布长衫要买多少布才不至于不足，也不至于多出剩余。这些自然都是很浅、很明白的，没有一个人能否认数学所给与人的"用"。但数学对于人的贡献若只有这一点，也就不值得去学，纵然不得不学，也是一件极轻而易举的事。中国的旧式商人，通了"小九九"[1]

―――――――
1.乘法口诀，如一一得一，一二得二，二五一十等。也叫九九歌。

便可受用不尽，若还知道点儿"飞归"[1]的就要被人称颂，实在是一个呱呱叫的人物了。对于这点，没有人还怀疑数学的"用"，但因此来赞美数学，它虽未必叫屈，也绝不会安心。一般人对于数学，反而觉着越学越没有用，这是它所引以为憾的，虽然它的目的不全在给人以"用"。

人们若不想返回到数千年以前的生活，不愿穴居野处，钻燧取火，茹毛饮血，和别人老死不相往来，现在的物质文明，一切科学的、工艺的、机械的贡献在某种限度以内，它的价值是不能抹杀的。物理学家、化学家、生物学家和天文学家支配世界的力量，艺术家以及思想家原是难分轩轾。人们与别的一切生物不同，能够享受较满足、较愉快的生活，全倚仗他们的思想。数学就是思想的最重要的工具，在二十世纪以后，找一种不受数学的影响的思想界的产物，恐怕是不可能的吧？

抱残守缺的中国式的旧工艺，已经渐渐地失去了满足人的需要的力量了。而公输子之巧，不以规矩，也不能成方圆；师旷之聪，不以六律，仍然不能正五音。没有他们的巧或聪的人怎能不墨守成规呢？可怜的中国啊！要想建筑一所卫生的、美丽的、高大的房屋，就不得不到洋人或读过洋书的人的面前去屈尊求教了！

在空闲的时间到剧院里去听戏或音乐会里听音乐，为增长一点儿知识到演讲会中去听讲演，都有一件使人感到苦痛的事实发现，不是力量大，腿长或钱多的人，必定被挤到人群的后面，到了一个听而不闻的位置，乘兴而去败兴而回。哪儿能想到一个能容五六千人，没有一个人坐着听讲的讲堂，已在美国筑了起来，供给不少的人享乐呢？更何况这样伟大、适用的讲堂只凭了一个极简单的代数式 $Y^2 = 70 \cdot 02X$ 就可以筑起来呢？凭借这样一个极简单的式子，工程师坐在屋里，吸着雪茄，把一切墙的形式、台的长、天花板的高，不费多大力气就从容地决定出来，而且不差分毫。这不是

1.珠算中两位数除法的一种简捷的运算方法，将归除合并，作成口诀，归后不用商除，以简化运算程序。参阅宋·杨辉《乘除通变算宝》。

什么神奇的事,仅仅依声浪直线行进和投射角相等的角折回的性质和一个代数式的几何的曲线的性质,便受用不尽了!对于更大、更美的建筑,数学也有同样的贡献啊!除了丁字尺、三角板、圆规,还有什么方法可以取方就圆、切长补短呢?基本的帮助,就是不少的帮助吧!

$$(a+b)^2 = a^2 + 2ab + b^2$$
$$(a+b)^3 = a^3 + 3a^2b + 3ab^2 + b^3$$
$$(a+b)^4 = a^4 + 4a^3b + 6a^2b^2 + 4ab^3 + b^4$$

这样的式子,不曾和铜元、钞票一样地明白地显示它的"用",哪儿知道经济学上也和它很亲善呢?债券的价格、拆换、生命保险、火灾保险,都要以它为根据的。

虽依上面的说法,把数学所给与人的,讲得比一般人所能想到的大了一点儿,但仍然不能得到它真实、伟大的贡献。若从天文学上考察,可以使人们更惊异,从而相信它的力量了。

太阳已落到西边去,月亮也唤不起的夜里,在我们眼里所看到的美,不是挂了满天的星星吗?有闪缩的,有飞舞的,没有一个人不是用"无数"两个字来表示它们的繁多。数学对于人不能数的星星,却用了几个简单的式子,就能统括起它们运行的轨迹,依着式子就可决定它们在某时的相关位置,比用人眼所看的还精准。在海王星没有被发现的时期,因研究关于星的扰动,许多天文学家和亚当斯(Adams)就从数学上决定了它的轨道。当它行到望远镜可以看见的位置的时候,亚当斯和他的朋友依计算所得的位置将望远镜移转,这被数学所决定的海王星果然无所逃避,被他们看见了,这在以前是不可能的。

这样的例证虽然多,都是理科上的运用,一般以数学为理科的基础的朋友们当然不否认,别的人难免仍有微词。以数学为理科的基础,虽没有什么错,却小看了数学的力量。

　　数学在哲学的领域占有相当的势力，这是从人类的文化略有基础的时候就是这样的。柏拉图(Plato)教他的弟子学哲学，要他们先学几何锻炼思想。毕达哥拉斯(Pythagoras)的哲学和数学更分不了家。其实很难找出不受数学的洗礼的哲学家，读过哲学史的人对于这话总不至于以为武断吧？

　　逻辑算是哲学的基础了，数理逻辑(Mathematical Logic)的创建，使哲学的研究得到了较大的助力。虽然这种研究还处于萌芽状态，但"它可以使我们易于研究，比'言辞的推论所能得出的'更抽象的观念，它可以指示'用别的方法想不到'的有效的假定，它可以帮助我们立刻看出建筑一个逻辑的或科学的理论至少需要的材料是什么。"也就功不可没了。

　　数学上对于"连续"和"无限"的研究，得到了美满的结果以后，哲学上的疑问，不少也就可以得到解答了。数学和哲学在某些方面是很难分出界限来的，因此数学不只是理科的基础。假使哲学在人的思想界能显出更大的权威来，数学的功效也就值得称为伟大了，何况它所加惠于人的还不止这些呢？

　　以求善为目的的人们很容易将数学轻视，有时更认为数学是会使人习于深刻的，应当反对。但真正的善本没有深刻与否的问题，后一层没有答辩的必要。数学是以求真为主的，和善有关系吗？数学对于人既然有绝大的贡献，本身当然是善的。以数学为基础的科学，也是以有助于人的幸福为目的，数学也是没有罪的。至于因科学受了利用而产生不少的罪恶——机械供资本家使用，使得一班操手工业的人不得不忍辱含垢地到工厂里去讨苦痛的生活，军国主义者利用科学制造杀人的猛烈的器具，这不是科学的罪恶，更不是为科学的基础的数学的罪恶。

　　"善"不是在区别是非吗？"善"不是要寻求道德的真正意义吗？要满足这样的企图，恐怕不能不借助数学吧？

　　很容易与数学发生冲突，或无关系的，要算艺术了。艺术自然是从情感出发的，但纯粹不加入点儿理智的成分的情感，人也是不容易有的吧？"真"和"美"也不是绝对可以分开的啊！秩序咧、和谐咧，不是美的必要条件吗？音阶的组成，不也要倚赖数学将各音的振动的关系表明吗？一张画有各种物件的关系位置的图，各部分的大、小、长、短不也是数学所支配的吗？

数学本身也能将美贡献于人。我们和外界接触的时候，森罗万象，倘若在心里不能将它们弄得井然有序，自然界的可憎恐怕使人一个早上都坐不稳了！这种综合能力，从数学出发比较简要、可靠，并非别的所能比拟的。就是表现一种图形的变化，也以数学为简单明了。数中间的奇妙变化，给人的美感也是不可解说的啊！从一到无穷的整数中，整数是无穷的；从一到二之间的数也是无穷的；从一到二分之一，或二十分之一，二百分之一……以至于二亿分之一间的数仍然是无穷的。这样的想象只能使人们感到枯燥没有一点儿美感吗？崇高和伟大是兴起美感的，使人们感到大而又大，大之外还有大，无论如何可以超出我们的想象力以外，从什么地方还可以得到这样的美感呢？大，大至无穷；小，小至无穷；变幻，变幻至无穷；极纷繁不可计的，可以综合到极简单；极简单的可以推演到无数。这样的能动的美感不值得赞颂吗？

说过的话已经不少了，或者表现出数学所给与我们的不算小吧。我们从中得到的只有这些吗？还有更大的没有呢？我想，从精神层面将我们居住的世界扩延出去，使人们不局限在现实的空间内，才是数学最大的恩惠。要说到这一层，较详的叙述实在无法免去。

我们想象有种在直线上生活的人——说他是人——他的行动只有前进和后退，不能改变方向——无论上下、左右。倘若我们在他行进的直线上前后都加上了极薄、极短的阻隔——只要有阻隔，无论多么薄多么短——如果不允许他冲破那阻隔，他只有困死在里面了。在我们看来，这是何等的可笑呢？脚一提或由左右一移动就得到生路了。但这是我们这些没有在直线方向活动的人替他想到的，他绝不能领会。

比他更进步的人——假定说——他不但能在直线上活动，在平面内部也能活动。这个世界上的人，自然不至于有前一种人的厄运，因为他可以在平面内部活动——虽然不能上下活动——得到生路。但是，只要在他所在的平面上，围着他画一个小圈，虽然这圈是用墨笔画的，看不出它的厚来，只要不允许他冲破，也就可以限制他的活动，围困他了。我们用我们的智慧可以指示他，叫他不用力地跳下就可以出来。但"跳"是上下的活动，是他不能理会的，所以这样的指示就和对牛弹琴一样，不能给他微小的帮助，这也是我们作为旁观者认为可笑的。

我们笑他们，他们固然只能忍受了，或者他们和我们一样，不但不能领受别人的指示，而且永远想不到那样的指示是有的。这句话似乎很惊异。但是我要提出一个问题：假如有人将我们用一张极薄的纸作成的箱子封闭在里面，不许我们扯破箱子，我们能出来吗？不会在里面困死吗？直线世界的人不打破他前后的阻碍不能出来，我们笑他；平面世界的人不打破他四周——前后左右的围圈不能出来，我们笑他。我们自己呢，不过多一条出路——上下——把这条多的出路一同封住，也就只有坐以待毙了，这不应当受讥笑吗？这是不应当的，因为我们和他们有一点不同。他们的困难是我们所能战胜的，我们的困难是不能战胜的。因为除了前后、左右、上下三条路，没有第四条路。这样的解释，不过聊以自慰罢了。我们在立体世界想不出第四条路和他们在直线世界想不出第二条路，在平面世界想不到第三条路不是一样的吗？不是只凭各自的生活环境设想吗？直线世界的人不能因他们的想象所不能及而否认平面世界的人的第二条路，平面世界的人不能因他们的想象所不能及而否认我们的第三条路，我们有什么权利因我们的想象不能及而否认第四条路呢？不将第四条路否认掉，第五、第六条路也就同样地难于否认。有了三条路以外的路，不打破薄纸做成的纸箱，立体世界里除了笨伯还有谁出不来呢？这样的说法，执着在物质的现实界的人们除了惊异摇头外，只有用实际的生活作武器来反对。在立体世界的实际方面，第四条路是找不出的。但这样由合理的推论得到的理想的世界——这里只是比喻，数学上自有根于理论的证明——使我们的精神生活不局限在时空以内，这是何等伟大的成就！愚蠢的人们劳心、焦心地统领着一般富于兽性的人，杀戮了许多善良的朋友，才争得尺寸的地盘。不费一矢，不伤一人，不和任何人相角逐，在立体世界以外，开拓了第四、第五……条路来。不占有而享受，精神界的领域何等广漠！这就是数学所给与人们的！

3 数的启示

　　因为避去城市喧嚣的缘故，搬到了乡间住。住屋的窗外横着一大片荒芜的草地，当我初进屋时，它所给我的除了凄寂感外，再没有什么了。太阳将灰黄色的网覆盖着它，风又不时地从它的上面拂过，使它露出好像透不过气来的神色。于是，生命的微弱，生活的紧张，我同时感受到了。一个下午便在这样的心境中过去。夜来了，上弦的月挂在窗户的左角，那草地静默地休息着，将我的迫促感也涤荡了去，而引导我的母亲的灵魂步进我的心里，已十七八年不能见到的她的面影，浮现在我的眼前，虽免不了怅惘，同时却尝到些甜蜜。呵！多么甜蜜呀！被母亲的灵魂的抚慰！

　　那时，我不过六岁吧，也是一个月夜，四岁的小妹妹和我傍着母亲坐在院子里，她教我们将手指屈伸着数一、二、三、四、五……妹妹数不到三十就要倒回去，我也不过数到五十六七便也缠不清。我们的愚笨先是使得母亲笑，后来无论她怎样引导我们，还是没有一点儿进步。她似乎有些着急了，开始责备我们："这样笨，还数不到一百。"从那时候起，我就有这样一个牢不可破的观念，不能把数目数清的人就是笨汉。笨汉这个名词，从我们一家人的口中说出来，含有不少令人难堪之意，觉得十分可耻。我于是有些惶恐，总怕我永远不会数到一百个数，一百个数就是数的全体了，能将它数清的便是聪明人而非笨汉，我总是这样想。

　　也不知经过多少日月，一百个数，我总算数清了，然而并不曾感到可以免当笨汉的快乐,多么不幸呀!刚将一百个数勉强数得清,一百以上还有一千,这个模糊的印象又钻进我的脑海里,不过对于它没有像以前对于一百那样恐惧,因为一千这个数是从两条草绳穿着的铜钱指示我的。在那上面,左右两行,每行五节,每节便是一百。我不曾从一百零一顺数到二百零一、三百零一以达到一千,但我却知道所谓一千是十个一百。这个发现,我当时注意过好多钱串子,居然没有一次失败,我很高兴。有一天,我便倒在母亲的怀里这样问她:"妈妈,十个一百是不是一千?"她笑着回答我一个"是"字,摸摸我的头。我真欢喜极了,一连好几天,走进走出,坐着睡着,一想到这个发现,就感到十分快活。

可惜得很!这快活不久就被驱逐开了!原来,我已七岁,祖父正在每天教我读十多句《三字经》,终于读到一而十,十而百,百而千,千而万,还有什么亿、兆、京、垓、秭、穰、沟……都是十倍十倍地上去的,完全将我的头脑弄昏了。从此觉得只有永远当笨汉!这个恐惧虽然不是很严重地压迫着我,但确实有很多次在我的心上涂染一些黑点。一直到我进小学学数学,知道了什么加、减、乘、除,才将这个不能把数完全数清的恐怖的念头埋深下去。

这些回忆,今夜将我缠绕得很紧,祖父和母亲的慈蔼的容颜,因为这回忆,使我感到温暖、愉悦。同时对于数的不能理解,使我感到超过了恐怖以上的烦扰,无论怎样,我只想到一些数所给我的困恼!说实话,这时,我对于数这个奇怪的东西,比起那被母亲说我笨的时候,总是多知道一点儿了。然而,这对我有什么用呢?正因为多知道了这一点儿,越把自己不知道的反照得更明白,这对我有什么用呢?那居然能将一百个数数清时的快乐,那发现一千便是十个一百时候的喜悦,以后将不会再来亲近我了吧!它们正和我的祖父、我的母亲一般,只能在我的梦幻或回忆中来慰藉我了吧!

再来说段关于数的话。

平时,把数写到十位二十位,不但念起来不大便当,就是真要计算和它们有关的数也会觉得麻烦。在我们的脑海里，常常想到的数顶多十位左右。超过这一个限度，在我们的感知上，和无穷大没有什么差别，这真是无可奈何的。有些数我们可以用各种方法去研究它，但我们却永远不能看见它的面目，这是多么奇特啊！随便举一个例子吧。

M.Morehead在1906年发现了这么一个数 $2^{273}+1$，它是可以被 $5 \cdot 2^{75}+1$ 除尽的，就是说它不是一个质数，我们总算知道它的一点儿性质了。但是，它究竟是一个什么数呢？能用1, 2, 3, 4……九个字排列成普通的数一般的形式吗？随便想想，这不过是乘法的计算，凭借我们已知的法则，一定可以将它弄出来，但实际上却做不到。先说它的位数，就很惊人了，它应当有 $0.3 \times 9444 \times 10^{18}$ 位，比 2700×10^{18} 个数字排成的数还要大得多。

让我们来看 2700×10^{18} （就是27后面有20个0）这个数，比如说，一个数字只有一毫米宽，这在平常算很小了，但这个数排列起来，就得有 2700×10^{12} 公里长，把地球的赤道围 60×10^9 圈，甚至还要更长，我们怎么有这么长的绳呢！

再说我们真正将它写出来（假如已知道它），每秒钟写一个数字，每天足足写十个小时，一年三百六十五天不间断，要写多长时间呢？这很容易计算的，$(2700 \times 10^{18}) \div (60 \times 60 \times 10 \times 360) = 2 \times 10^{14}$ 年。呵！人寿几何！就是全世界的人（约 15×10^9 个）同时都来写（假定这数是可分段写的），那也得要十三万年才能写完。这是多么大的工程啊！号称历史悠久的中国，马马虎虎说，也还只有过四五千年的寿命。呵！十三万年，多么长久啊！

像这般大的数，除了对它惊异，我们还能做点儿什么呢？但数，这个珍奇的东西，不只本身可使人们惊异，就是它的变化也能令我们吃惊。关于这一类的例子，要写也是十三万年不能完成的，随便举一个忽然闯进我脑海里来的例子吧！

有一天，什么时候已记不清了，那时我还在学校念书，八个同学围坐在一张八仙桌上吃中饭，因两个同学选择座位，便起了争论。后来虽然这件事解决了，但他们总是不平。我在吃饭的当儿，因为座位问题，便联想起了八个人排列的变化，现在将它来作为一个讨论的问题。八个人围着一张八仙桌掉换着次序坐，究竟有多少坐法呢？甲说十六，乙说三十二，丙说六十四……说来说去没有一个人敢说到一百以上。这样地回答，与真实的数相差甚远！最终我们便呆算起来，两个人有2种排法，这很容易明白，三个人有6种，就是 $1 \times 2 \times 3$，推上去，四个人有24种，$1 \times 2 \times 3 \times 4$，五个人有120种，$1 \times 2 \times 3 \times 4 \times 5$……八个人便有40320种。这样的数，虽然是按照理法算出来的，然而没有一个人肯相信实际上真是这样，我们不期而然地都有这样的意见。我们八个人可以在那个学校的时间只有四年，就是一年三百六十五天都不离开，四年中再加上有一年是闰年应多一天，总共也不过一千四百六十一天。每天三餐饭，大家不过围那八仙桌四千三百八十三次。每次变着排法坐，所能变化出来的花头，还不及那真实的数的九分之一。我们是何等的渺小呀！然而我们要争，所争的是什么呢？

数，它的本身，它的变化，使我们不可穷究的天地在我们的眼前闪烁，反照出我们多么渺小，多么微弱！"以有尽逐无已殆矣"，我们只好垂头丧气地，灰白了脸，抖颤着跪在它的脚下了！

然而，古往今来，有几个大彻大悟的人甘心这样地屈膝跪下呢？黄老思想支配着的高人雅士，他们丢下荣华富贵，甚至抛开妻室儿女，这总算够聪明了。但是，他们只是想逃避，为了吃饭而不得不劳身劳神的那种苦痛。饭，他们还是要吃的。他们知道了生也有涯，他们就想秉烛夜游。他们觉得在烦扰忧思中活几十年不值得，他们就想在清闲淡雅中延年益寿。看吧，他们有的狂放，以天地为一朝，万期为须臾，自己整天喝酒，叫人扛着锄头跟在后面。他们有的恬静，梦游桃花源，享受那"不知有汉，无论魏晋"怡然自乐的生活。那位舍去宫庭，跑到深山去的释迦牟尼，他知道人间有生老病死苦，便告戒众生要除去一切贪嗔痴的妄念。然而，他一心一意却想要普渡众生，这不是比众生更贪、更嗔、更痴吗？站在庸俗人的头上，赏玩清风明月，发发自己的牢骚，这就是高人雅士了。

会数了一百还有一千，会数了一千还有一万，总数不完，于是，连一百也不去数了。因为全世界的人，十三万年也不能将那一个数写出，所以索性将它放在一边，装着痴呆。几个人排来排去，很难将所有的花头排完，所以干脆死板地坐着一动不动。这样，不但可以遮盖自己的愚笨，还可以嘲笑别人的愚笨。呵！高人雅士，我们常常在被嘲笑之中崇敬他们，欣羡他们！

数，指出我们的渺小，高人雅士的嘲笑，并不能使我看出他们的伟大，反而使我感到莫名的烦苦！烦苦！烦苦！然而烦苦是从贪生出来的，我总是贪生的，我能得到另一条生路吗？

我曾经从一起，一个一个地数到一百，但我对于一千却是从一百一百地数而知道它是十个一百的。Morehead不知道 $2^{273}+1$ 究竟是一个怎么样的数，但他却找出了它的一个因数。八个人围坐在一张八仙桌的四周吃饭，用四年的光阴，虽然变不完所有的花头，但我们坐过几次，就会得到一个大家相安的坐法。从这上面，我得到了另一种启示。

人是理性的动物，这是一句老话，是一句不少人常常挂在嘴边的老话。说到理性，很自然地容易想到计较、打算。人的生活，好像就受命于这计较、打算。既然要打算、要计较，那自然越打算得清楚，越计较得精明，便越好。那么，怎样才能打算得清楚、计较得精明呢？我想最好是乞灵于数了。不过这么一来，话又得说回来。要是真能用数打算、计较得一点儿不含糊，那结果也许就会叫人吃惊，叫人咂舌，叫人觉得更没有办法。八个人坐八仙桌，有40320种坐法。在这40320种坐法当中，要想找出一种最中意的来，有什么方法呢？我们能够一种一种地排了来看，再比较，再选择，最后才照那最中意的去坐吗？这是极聪明、可靠的方法！然而同时也是极笨拙、极难做到的方法。不只笨拙、难做到而已，恐怕简直是不可能的吧！菜哪、肉哪、酒哪、饭哪，热烘烘的、香腾腾的，排满了一桌子，诱惑力有多大，有谁能不对着它们垂涎三尺呢？要慢慢地排，谁愿意等待呢？然而就因为迫不及待,便胡乱坐下吗?不,无论哪个人都要经过一番选择才能安心。

在数的纷繁的变化中,在它广阔的领域里,人们喜欢选择使自己安适的,而且居然可以选择到,这是奇迹了。固然,我们可以用怀疑的态度来批评它,也许那个人所选择的并不是他所期望的最好的。然而这样的批评,只好用在谈空话的时候。人真正在走着自己的路时,何等急迫、紧张、狂热,哪儿管得了这些?平时,我们可以看到一些闲散的阔人,无论他们想到什么地方去,即使明明听到时钟上的针已在告诉他,时间来不及了,他依然还能够悠然地吸着雪茄,等候那车夫替他安排汽车。然而他的悠然只是他的不紧张的结果。要是有人在他的背后用手枪逼着,除了到什么地方去,便无法逃命,他还能那般悠然吗?纵然,在他的眼前只是一片泥水塘,他也只好狂奔过去了。不过,这虽然是在紧迫的状态中,我们留心去看,他也还在选择,在当时他也总是照他觉得最好的一条路走。

人们,所有的人们,谁踏在自己前进的路上,真是悠悠然的呢?在这样不悠然之中,竟有人想凭借所谓的理性去打算、计较,想找一条真正适当的路走,这是何等的可怜呀!生命之神,并不容许什么人停住脚步,冷静地辨清路才走。从这层意义上讲,人的生活,即使不能完全免掉选择,那选择所凭借的力,恐怕不是我们所赞颂的所谓的理性吧!

我们可有一见如故的朋友,会面就倾倒的恋人,这样的朋友,这样的恋人,才是真的朋友,真的恋人,他们才是真能使我们的生活温暖的。然而我们之所以认识他们,正是在我们的急迫的生活中凭借一种不可名的力量选择的结果。这选择和一般的所谓打算、计较有着不同的意味,可惜它极容易受到所谓的理性的冷气僵冻。我们要想过上丰润的生活,不得不让它温暖、自由地活动。

数是这样启示我,要支离破碎地去追逐它,对它是无法理解的,真要理解,另有一条路。在我们的生活上,好像也正有这样的明朗的星光照耀着!

从数学问题说到我们的思想

是在什么时候，已记不清楚了。大概说来，约在十六七年前吧，从一部旧小说上，也许是《镜花缘》，看到一个数学题的算法，觉得很巧妙，至今仍没有忘记。那是一个关于鸡兔同笼的问题，题上的数字现在已有点儿模糊，假使总共十二个头，三十只脚，要求的便是那笼子里边究竟有几只鸡、几只兔。

那书上的算法很简便，将总共的脚的数目三十折半，得十五，从这十五中减去总共的头的数目十二，剩的是三，这就是那笼子里面的兔的只数；再从总共的头数减去兔的头数三，剩的是九，便是要求的鸡的数目。真是一点儿不差，三只兔和九只鸡，总共恰是十二个头，三十只脚。

这个算法，不但简便，仔细想一想，还很有趣味。把三十折半，无异于将每只兔和每只鸡都顺着它们的脊背分成两半，而每只只留一半在笼里。这么一来，笼里每半只死兔都只有两只脚，而死鸡每半只都只有一只脚了。至于头，鸡也许已被砍去一半，但既是头，无妨就算它是一个。这就变成这么一个情景了，每半只死鸡有一个头、一只脚，每半只死兔有一个头、两只脚，因此总共的数目脚的还是比头的多。之所以多的原因，显而易见，全是从死兔的身上出来的，死鸡一点儿功劳没有。所以从十五减去十二余的三就是每半只死兔留下一只脚，还多出来的脚的数目。然而每半只死兔只能多出一只脚来，多了三只脚就证明笼里面有三个死的半只兔。原来，就应当有三只活的整兔。十二只里面去了三只，还剩九只，这既不是兔，当然是鸡了。

这个题目是很常见的，几乎无论哪一本数学教科书只要一讲到四则问题，就离不了它。但数学教科书上的算法，比起小说上的来，实在笨得多。为了便当，这里也写了出来。头数一十二用二去乘，得二十四，从三十里减去它，得六。因为兔是四只脚，鸡是两只，所以每只兔比每只鸡多出来的脚的数目是四减二，也就是二。用这二去除上面所得的六，恰好商三，这就是兔的只数。有了兔的只数，要求鸡的，那就和小说上的方法没有两样。

这方法真有点儿呆！我记得，在小学读数学的时候，为了要用二去除六，明明是脚除脚，忽然就变成头，想了三天三夜都不曾想明白！现在，多吃了一二十年的饭，总算明白了。这个题目的算法，总算懂得了。脚除脚，不过纸上谈兵，并不是真的将一只脚去弄别的一只，所以变成头，变化整个兔或鸡都没关系。正和上面所说，将每只兔或鸡劈成两半一样，并非真用刀去劈，不过心里想想而已，所以劈了过后还活得过来，一点儿不伤畜道！

我一直都觉得，这样的题目总是小说上来得有趣，来得便当。近来，因为一些别的机缘，再将它俩比较一看，结果却有些不同了。不但不同而已，简直是恰好全然相反了。从这里面还得到一个教训，那就是贪便宜，最终得不到便宜。

所谓便宜，照经济的说法，就是劳力小而成功大，所以一本万利，即如一块钱买张彩票中了头彩，轻轻巧巧地就拿一万元，这是人人都欢喜的。说得高雅些，堂皇些，那就是科学上的所谓法则。向着这条路走，越是可以应用得宽的法则越受人崇拜。爱因斯坦的相对论，非欧几里得派的几何，也都是为了它们能够统领更大的范围，所以价值更高。科学上永远是喊"帝国主义万岁"，弱小民族无法翻身的！说得明白点儿，那就是人类生来就有些贪心，而又有些懒惰。实际呢？精力也有限得可怜，所以常常自己给自己碰钉子。无论看见什么，都想知道它，都想用一种什么方法对付它，然而多用力气，却又不大愿意。于是，便整天想要找出一些推之四海而皆准的法则，总想有一天真能达到"纳须弥于芥子"的境界。这就是人类对于一切事物都希望从根底上寻出它们的一个基本的、普遍的法则来的理由。因此学术一天一天地向前进展，人类所能了解的东西也就一天多似一天，但这是从外形上讲。若就内在说，那支配这些繁复的事象的法则为人所了解的，却一天一天地简单，换言之，就是日见其抽象。

回到前面所举的数学上的题目去，我们可以看出那两个法则的不同，随着就可以判别它们的价值，究竟孰高孰低。

第一，我们先将题目分析一下，它总共含四个条件：（一）兔有四只脚；（二）鸡有两只脚；（三）总共十二个头；（四）总共三十只脚。这四个条件，无论其中有一个或几个变化，所求得的数就不相同，尽管题目的外形全不变。再进一步，我们还可以将题目的外形也变更，但骨子里面却没有两样。举个例子说："一百馒头，一百僧，大僧一人吃三个，小僧一个馒头三人分，问你大僧、小僧各几人？"这样的题，一眼看去，大僧、小僧和兔子、鸡风牛马不相及，但若追寻它的计算的基本原理，放到大算盘上去却毫无二致。

为了一劳永逸的缘故，我们需要一个在骨子里可以支配这类题目，无论它们外形怎样不同的方法。那么，我们现在就要问了，前面的两个方法，一个小说上的，巧妙的。一个教科书上的，呆笨的，是不是都有这般的力量呢？所得的回答，却只有否定了。用小说上的方法，此路不通，就得碰壁。至于教科书上的方法，却还可以迎刃而解，虽然笨拙一些。我们再将这个怪题算出来，假定一百个都是大僧，每人吃三个馒头，那就要三百个（三乘一百），不是明明差了两百个吗？（三百减去一百），这如何是好呢？只得在小僧的头上去揩油了。一个大僧掉换成一个小僧，有多少油可揩？不多不少恰好三分之八个（大僧每个吃三个，小僧每人吃三分之一，三减去三分之一余三分之八）。若要问，需要揩上多少小僧的油，其余的大僧才可以每人吃到三个馒头？那么用三分之八去除二百，得七十五，这便是小僧的数目。一百里面减去七十五剩二十五，这就是每人有三个馒头吃的大僧的数目了。

将前面的题目的计算顺序，和这里的比较，即刻可看出一点儿差别都没有，除了数量不相同。由此可知，数学教科书上的法则，含有一般性，可以应用得宽广些。小说上的法则既然那么巧妙，为什么不能用到这个外形不同的题目上呢？这就因为它缺乏一般性，我们试来对它下一番检查。

这个法则的成立，有三个基本条件：第一，总共的脚数和两种的脚数，都要是可以折半的；第二，两种有脚的数目恰好差两只，或者说，折半以后差一只；第三，折半以后，有一种每个只有一只脚了。这三个条件，第一个是随了第二、三个就可以成立的。至于第二、第三个条件并在一起，无异是说，必须一种是两只脚，一种是四只脚。这就判定了这个方法的力量，永远只有和兔子、鸡这类题目打交道。

我们另外举一个条件略改变一点儿的例子，仿照这方法计算，更可以看出它不方便的地方。由此也就可以知道，这方法虽然在特殊情形当中，有着意外的便宜，但它非常硬性，推到一般的情形上去，反倒觉得笨重。八方桌和六方桌，总共八张，总共有五十二个角，试求每种各有几张。这个题目具备了前面所举的三个条件中的第一个和第二个，只缺第三个，所以不能完全用相同的方法计算。先将五十二折半得二十六，八方和六方折半以后，它们的角的数目相差虽只有一，但六方的折半还有三个角，八方的还有四个。所以，在三十六个角里面，必须将每张桌折半以后的脚数三只三只地都减去。总共减去三乘八得出来的二十四个角，所剩的才是每张八方桌比每张六方桌所多出的角数的一半。所以二十六减去二十四剩二，这便是八方桌有两张，八张减去二张剩六张，这就是六方桌的数目。将原来的方法用到这道题上，步骤就复杂了，但教科书上所说的方法，用到那些形式相差很远的例子上并不繁重，这就可以证明两种方法使用范围的广狭了。

越是普遍的法则，用来对付特殊的事例，往往容易显出不灵巧，但它的效用并不在使人得到小花招，而是要给大家一种可靠的能够一以当百的方法。这种方法的发展性比较大，它是建筑在一类事象所共有的原理上面的。像上面所举出的小说上所载的方法，它的成立所需的条件比较多，因此就把它可运用的范围画小了。

暂且丢开这些例子，另举一个别的来看。中国很老的数学书，如《周髀算经》上面，就载有一个关于直角三角形的定理，所谓"勾三股四弦五"。这正和希腊数学家毕达哥拉斯（Pythagoras）的定理："直角三角形的斜边的平方等于它两边的平方的和。"本质上没有区别。但由于表出的方法不同，它们的进展就大相悬殊。从时间上看，毕达哥拉斯是纪元前六世纪的人，《周髀算经》出世的时代虽已不能确定，但总不止二千六百年。从这儿，我们中国人也可以自傲了，这样的定理，我们老早就有的。这似乎比把墨子的木鸢当作飞行机的始祖来得大方些。然而为什么毕达哥拉斯的定理在数学史上有着很大的发展，而"勾三股四弦五"的说法，却没有新的突破呢？

坦白讲，这是后人努力不努力的缘故。是，我赞同这个理由，但我想即使有同样的努力，它们的发展也不会一样，因为它们所含的一般性已不相等了。所谓"勾三股四弦五"究竟所表示的意义是什么？还是说三边有这样的差呢？还是说三边有这样的比呢？固然已经学了这个定理，是会知道它真实的意义的。但这个意义没有本质地存在于我们的脑海里，却用几个特殊的数字硬化了，这不能不算是思想发展的一个大障碍。在思想上，尽管让一大堆特殊的认识不相关联地存在，那么，普遍的法则是无从下手去追寻的。不能擒到一些事象的法则，就不能将事象整理得秩然有序，因而要想对于它们有更丰富、更广阔、更深邃的认识，也就不可能。

有人说中国没有系统的科学，没有系统的哲学，是由于中国人太贪小利，只顾眼前的实用，还有些别的社会上的原因，我都不否认。不过，我近来却感到，我们思想的前进的道路有些不同，这也是原因之一，也许还是本原的，较大的。在中国的老数学书上，我们很可以看出这些值得我们崇敬的成绩，但它发展得非常缓慢，非常狭窄。这就是因为那些已发现的定理大都是用特殊的几个数表出，使它的本质不能明晰地显现，不便于扩张、深究的缘故。我们从"勾三股四弦五"这一种形式的定理，要去研究出钝角三角形或锐角三角形的三边的关系，那就非常困难。所以现在我们还不知道，钝角三角形或锐角三角形的三边究竟有怎样的三个简单的数字的关系存在，也许压根儿就没有这回事吧！

至于毕达哥拉斯的定理，在几何上、在数论上都有不少的发展。详细地说，当然不可能，喜欢数学的人，很容易知道，现在只大略叙述一点。

在几何上，有三个定理平列着：

（一）直角三角形，斜边的平方等于它两边的平方的和。

（二）钝角三角形，对钝角的一边的平方等于它两边的平方的和，加上，这两边中的一边和它一边在它的上面的射影的乘积的二倍。

（三）锐角三角形，对锐角的一边的平方等于它两边的平方的和，减去这两边中的一边和它一边在它的上面的射影的乘积的二倍。

单只这样说，也许不清楚，我们再用图和算式来表明它们。

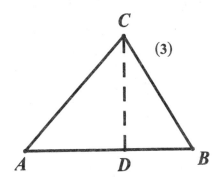

(3)

（1）是直角三角形，A是直角，BC是斜边，上面的定理用式子来表示是：

$$\overline{BC^2} = \overline{AB^2} + \overline{AC^2}$$

（2）是钝角三角形，A是钝角，上面的定理用式子表示是这样：

$$\overline{BC^2} = \overline{AB^2} + \overline{AC^2} + \overline{AB \times DA}$$

（3）是锐角三角形，A是锐角，上面的定理可以用下式表示：

$$\overline{BC^2} = \overline{AB^2} + \overline{AC^2} - 2\overline{AB \times DA}$$

三条直线围成一个三角形，由角的形式上说，只有直角、钝角和锐角三种，所以既然有了这三个定理，三角形三边的长度的关系，已经全然明白了。但分成三个定理，记起来未免麻烦，还是有些不适于我们的懒脾气。能够想一个方法，将这三个定理合并成一个，岂不是奇妙无比吗？

人，一方面固然懒，然而所以容许懒因为有些人高兴而且能够替懒人想方法的缘故。我们想把这三个定理合并成一个，结果真有人替我们想出方法来了，他对我们这样说：

"你记好两件事：第一件，在图上，从C画垂线到AB，若这条垂线正好和CA重在一块，那么D和A也就分不开，两点并成了一点，DA的长是零。第二件，若从C画垂线到AB，这垂线是落在三角形的外面，那么，C点也就在AB的外边，DA的长算是'正'的；若垂线是落在三角形的里面，那么，D点就在AB

的之间，DA在上面是从外向里，在这里却是从里向外，恰好相反，这就算它是'负的'"。

记好这两件事，上面的三个定理，就只有一个了，那便是：

三角形一边的平方等于它两边的平方的和，加上，这两边中的一边和它一边在它上面的射影的乘积的二倍。

若用式子表示，那就是前面的第二个：

$$\overline{BC^2} = \overline{AB^2} + \overline{CA^2} + 2\overline{AB} \times \overline{DA}$$

照上面别人的吩咐，若A是直角，DA等于零，所以式子右边的第三项没有了；若A是钝角，DA是正的，第三项也是正的，便要加上前面两项的和；若A是锐角，DA是负的，第三项也是负的，便只好减去前面两项的和。

到了这一步，毕达哥拉斯的定理算是很普遍、很单纯了。记起来便当，用起来简单，依据它要往前进展自然容易得多。

上面只是讲到几何方面的进展，以下再来讲数论方面的，这和图没有关系，所以我们先将它用简单的式子写出来，就是：

$$x^2 + y^2 = z^2$$

从这个式子，可以发现许多有趣味的问题，比如 x, y, z 若是相连的整数，能够合于这个式子的条件的，究竟有多少呢？所谓相连的整数就是后一个比前一个只大一的，假如我们设 y 的数值是 n ，x 比它小1，就应当是 n 减1，z 比它大1，就应当是 n 加1，因为它们合于这个式子的条件，所以：

$$(n-1)^2 + n^2 = (n+1)^2$$

将这个方程式解出来，我们知道 n 只能等于0或4，而 y 等于0，x 是负1，z 是正1，这不是三个连续数。所以 y 只有等于4，x 只有等于3，z 只有等于5。真巧极了，这便是中国的老数学书上的"勾三股四弦五"的说法！我们的老祖宗真比我们聪明得多！

由别的方面，若 $x, y, z,$ 都是整数，也还有许多性质可以研究，而且都是很有趣的，但这里不是编数学讲义，所以暂且不谈。

掉过方向，不管 $x, y, z,$ 来看它们的指数，若那指数不是2而是 n，那式子就是：

$$x^n + y^n = z^n$$

n 若是比2大的整数， x, y, z 就不能全都是整数而且还没有一个等于零。

这是数学上很有名的费马的最后定理（Le dernier théorème de Femat）。这个定理是在十七世纪就说出来的，可惜他自己没有将它证明。一直到了现在，研究数学的人，既举不出反证来将它推翻，也还是找不出一般的证明法。现在只做到了这一步， n 在一百以内，有了一些特殊的证法。

关于数学的话，说起来总是使看的人头痛，不知不觉就写了这一大段，实在很抱歉，就此不再说它，转过话头吧！我的本意只想找点儿例子来说明，我们的思想若只向着特殊的范围去找精明、巧妙的法则，不向普遍的、开阔的方面发展，结果就不会有好的、多的收获。前面所举的例子，将我们自己去和别人比较，就可以看出来，由于思想前进的方向不同，我们实在吃亏不小。现在有些人提着嗓子高喊提倡科学，说到提倡科学，当然不是别人有了飞机，我们也有几个人会架着兜几个小圈子就算完事的，也并不是跟着别人学造牙刷、牙膏就可算数的。真正要提倡科学，不但别人现在已经知道的，我们都应该有人知道，而且还要能够和别人排着队向前走，这才没有一点儿惭愧！然而谈何容易！

照我的蠢想法，倒觉得大炮、毒瓦斯那些杀人的家伙，我们永世不会造也好，多有些人会造，其结果自然是棺材铺打牙祭，要的是人死。我们不会造，借此也可以少作些孽。就是牙膏、牙刷、汽车、电灯，暂时造不好，反正别人造出来总会争着卖给我们用的，所以也没有什么。请不要误会，以为我是不顾什么国计民生，甘心替什么帝国主义、资本主义当奴隶！真喜欢当奴隶，会造牙膏、造牙刷，也好去当，也许当起来更便当些！你只要看所谓奴隶、走狗之流总是新人物比旧人物来得多，就可以恍然大悟了！

究竟，西洋人现在闹得声势浩大的所谓文明，所谓科学，也不过二百来年努力的结果。现在谢谢他们，地球总算因为他们而缩小了，兜一个圈子不过一个多月，只要不经过中国的内地。所以他们有点什么花头，也瞒不了我们。可以说一句乐观的话，西洋人毕竟只有那么多，我中国人马马虎虎说也有四亿[1]，从现在就努力，客气点儿，五十年，不怕不会翻筋斗。然而所谓努力者，从哪里起手呢？提倡科学！提倡科学！这是不容怀疑的！所谓提倡科学，究竟是怎么一回事呢？第一要紧的是要培养科学的头脑！

什么是科学的头脑？呀！要回答吗？一、两句话固然说不完，十百句话又何尝一定说得完呢？若只就我所及来回答，第一步就是思想的进展的抽象的能力。有了这抽象的能力。在百千纷纭繁杂的事象中，自然可以找出它们的普遍的法则来支配它们，叫它们想逃也逃不了。但是这样的能力我们多么缺乏啊！

有人说，中国人的抽象能力，实在够充足了。所以十二三岁的小学毕业生，就会想到人生观、宇宙观，那些大问题上面去，而且不用一两年，就会颓废、消极、悲观……这个事实，本是很明显地摆在人们眼前的，我一点儿没有忘了它。不过这样的抽象，假如算抽象的话，那么我这里所说的抽象，字面上虽没有两样，本质却有些不同。怎样地不同，大概应略加以说明了吧！

这里所说的抽象，是依据了许多特殊的事例去发现它们的共同点。比如说，先有了一个鸡兔同笼那样的题目，我们居然找出了一个法则来计算它。我们固然很高兴、很满足了，我们却不可到此止步，我们应当找一些和它相类似的题目来把我们所找出的法则推究一番。我们用了那八方桌和六

1.指中华民国时的人口数量。

方桌的例子检查出我们从小说上得来的方法,需要加些条件进去,才能解决我们的新问题。最初一折半后,一减就可得到答数,后来,却没有这么简单。这是为什么呢?那就是因为最初碰到的一个例子,具有一个特殊的条件,我们就是将计算的步骤忽略了一段也没有什么关系,所以原来的可以简单。对于一般的例子来说,只好算是偶然的。偶然的机会,在特殊的事象中,都包含在内,所以要除掉它,只有多收集一些特殊事实来比较。有一个鸡兔同笼的题目,有一个八方桌和六方桌的题目,又有一个一百和尚吃馒头的题目,若再去寻,比如还有一个题目是:十元钞票和五元钞票混在一只袋里,总共是十张,值八十块钱,求每种几张。将这四个题目并在一起,我们再去研究所要求的方法,一定可以得出一个较普遍的法则来。这不过是用来做例,我们所要求的方法,并不是只要能对付一类的题目就可以满足的。有了这种方法以后,我们还得将题目改变一下,弄复杂些,进一步再求出更普遍的法则。说到这里,关于鸡兔同笼这一类的题目,数学教科书上四则问题中所给我们的也就不是真正的普遍,假如在笼子里的不只兔子和鸡,还有别的三只脚、五只脚的东西,它一样不够用,于是我们又有了混合比例的法则。实实在在,这一类的题目,混合比例的说明才是普遍的、根本的。

平常我们很喜欢想大题目,同时又不愿注意到一个一个的特殊的事实,其结果只是让我们闭着眼睛去摸索、去武断。大家既丢开了事实不提,又可以说出一些无法对证的道理来。然而,真是无法对证吗?决不是这样,遇到了脚踏实地的人,就逃不过他的手。倘使我们整天只关在屋子里,那么你说地球是方的也好,你说它是圆的也好,就算你说它是三角的、五角的,也没有什么不好。但若是有一天你居然走出了大门,而且走得还很远,竟走到了前面就是汪洋大海的地方,你又看到有些船开到远处去,有些船从远处开来,你就会觉得说地球是三角的、五角的、方的都不对,你不得不承认它是圆的。这,就和真相接近了。走出大门和关在屋子里极大的不同,就是接触的事象一个很复杂,一个却很简单。

　　真正的抽象是要根据事实的，根据的事实越多，所去掉的特殊性也随之更多，那么留存下来的共通性自然越是普遍了。所谓科学精神就是耐心去搜寻材料，静下心来去发现它们的普遍法则。所谓科学的头脑，就是充满精神的头脑！可惜我们很缺乏它！

　　指南针是中国人发明的，不错，中国人很早就知道了它的用场！但若要问：它为什么老是指着南方？我们有什么理由可以相信它，决不会和我们开玩笑，来骗我们一两回？究竟有几个回答得出来。

　　中国的瓷器呱呱叫，这也不错，中国的瓷器成色不错，而且历史也很悠久！但若要问，瓷器的釉是哪几种原素？"原素"这个名字，已够新鲜了，还要说有多少种？

　　这些都是知其名而不知其所以然，大概批评得很对。但是，我们得小心了！凡事都只知其然，而不知其所以然，那所知的也就很不可靠！即或居然可以措置裕如，也只好算是托天之福！要想使它进步、发展，都不是靠知其然就行的。

　　有一次，我生点儿小毛病，去找了一个西医看，他跟我说，没有什么要紧，叫我去买点儿大黄吃。我买了大黄回到家里，碰巧一位儒医朋友来了。他和我很要好，见我拿着大黄回去，他就问我为什么要吃大黄，又问我是找什么人看的。我一一告诉了他，他那时还我的一副脸孔，我现在记得还很清楚，无异于向我说："西医也用中国药！"他一面好像感到骄傲，一面就更看轻西医。然而我总有这样的偏见，就是中国药，儒医叫我吃，我十之八九不敢去试。我很懂得中国医生用的药，有些对于病是具有特殊的效力的。然而它为什么有那样的效力？和它治的病有什么关系？吃到肚里为什么能将病治好？这总没有人能够规规矩矩地用人话回答得上来。我哪里肯用我的生命去尝试呢？

　　人家也常常这样说，中国医生是靠经验，几代祖传儒医之所以可靠，就是因为他不但有自己的经验，还延续了祖宗的。所谓经验，不过是一些特殊事实的堆集。无论它堆得怎样高大，总没有什么一贯的联系，要普遍地将它运用，哪儿能不危险呢？倘使中国的儒医具有一种抽象的能力，对于它们所使用的灵方，能够找出它的所以然来，不但对于治病真有把握，而且随时可以得到新的发展！

像数学那样缺少一般的所谓实用价值的东西，像指南针、瓷器那样的最切实用的东西，又像那医药人命攸关的东西，无论哪一样，我们中国几千年来，凭借的只是祖传和各自的零碎的经验，老实说，真有些费力不讨好了！这些哪一件不是科学的很好的对象？自然，我们尽管叫喊着提倡科学，提倡科学，科学最终没有提倡起来，这不能不说是我们的脑子有一点儿什么缺陷吧！

话说得有点儿语病了，也许要得罪人了，必须补足几句。所谓脑子有一点儿什么缺陷，不是说中国人的脑子先天就不如人，不过是说，后天的使用法。换句话，就是思想前进的方向有些两样。假如大家能够掉转方向，那么，我们的局面也就会大大改变了！

因为我们缺乏抽象力，不但系统的科学、系统的哲学不能产生，就在日常生活中，我们也吃尽苦头！最显而易见的，就是在生活上，我们很少能从事实中得到教训，让我们有一两条直路走。别的姑且不谈，单看我们这十几年来过的日子，和我们在这日子中的态度。甲军阀当道，我们焦头烂额地怨恨，天天盼望他倒下来。趁这机会，乙军阀就取而代之，我们先是高兴，但不到几天乙就变成甲的老样子。我们不免又焦头烂额地怨恨他，天天盼望他倒下来。趁这机会，丙军阀又取而代之，老把戏换几个角色又来一套。这样一套又一套，只管重演，我们得到了什么出路了吗？

多么有趣味的把戏呀！啊！多么有趣味的把戏呀！乙军阀、丙军阀，难道他们真的那么蠢，全不知道甲军阀、乙军阀所以会倒的原因吗？我们为什么又这样呆，靠甲不行，想靠乙，靠乙不行，又想靠丙呢？原来乙、丙是这样想的，他不行，我和他不一样，所以他会倒我总不会倒。我们对于乙、丙，也是这样想的，甲、乙不行，乙、丙总比他好一点儿。行！好一点儿！从哪儿看来的？为什么我们不想一想，军阀有一个共通性格，这性格对于他们自身是叫他们没有长久的寿命，对于我们就叫我们焦头烂额！无论什么人只要戴上军阀的帽子，那共通性就像紧箍咒一般套在他的头上，就会叫人焦头烂额，叫自己倒下来。

我们没有充分的抽象力量，不能将一些事实聚在一块，发现它们真正的因果关系。因而我们也找不出一条真正趋吉避凶的路！于是我们只好跟跟跄跄地彷徨！我们只好吃苦头，一直吃下去！

苦头若是已经吃够了，那么，好，我们就应当找出之所以吃苦头的真实的、根本的原因。然而要发现这个，全要凭借我们的思想当中的抽象力！这是多么不幸！偏偏我们很缺少它！

5 恨点不到头

　　新年到了，各位也许在做"掷状元红"的游戏吧。好，我的话就从"掷状元红"开始。

　　一把六颗骰子掷到碗里，它们叮当叮当地乱转，转到气困力竭，碰巧出现五个六和一个五，这叫作"恨点不到头"。真是可恨，这个名堂不过只能到手一个状元，若那一点到了头，六颗骰子都是六，便算全色，就不只到手一只三十二注的状元签了。所以全六比"恨点不到头"高贵得多。再说，若别人家跟着掷出一个名堂叫什么火烧梅花，——五个红一个五——他就有权利把你已经到手的状元夺去，让你不过得到几分钟的空欢喜而已，所以红又比六高贵一些。

　　玩骰子的朋友们，哪怕赌的不过是香签棍，不过是小石子，输赢也是与各人的体面有关，所以谁都不想输，也就谁都希望红多，希望全六，然而它们是多么难出现啊！

　　不是吗？掷出一个红可以到手一个秀才，掷出两个红可以到手一个举人，然而偏偏总是一颗幺[1]、两颗幺滚出来的时候多。玩骰子的朋友，都有过这样的经验吧！

　　是什么缘故呢？

　　骰子的构造就有些不可靠吗？故意做得叫红不容易出现吗？

1.数字中的"1"。

不是，不是，你想，做骰子的人，并不是靠玩骰子赢钱过活的，他何苦替别人多费这样的心，难道还真有谁会感谢他吗？

那么，有神吧！

对，在咱们中国人看来，一定是这样的：想发财，敬财神；想生儿子，敬送子观音；想打胜仗，敬关二爷；想什么就敬管什么的神。玩骰子想赢，哪儿能没有神！果真有位骰子神吗？玩骰子的朋友，运气不好的时候，总掷不出名堂，两手捧着骰子拜揖，向着骰子呵气，这都是在求神助呀！

读中学生的朋友们，大约都念过一点儿洋八股[1]，虽然不一定相信洋上帝和红毛耶稣，虽然深夜走到黑洞洞的坟场里，还不免毛骨悚然，但总不愿意相信什么神鬼了。那么，上面的回答或许是不值一笑的。但是，不相信神固然好，事实一样存在。若回答不出一个别的理由，硬叫别人不相信，谁肯服你！

这篇就是要离开了神权来说明这个事实。

先来一个极简单的例子，那最好就是猜钱。

一个人在桌子上把钱旋转起来，随手按下去，叫你猜那钱的上面是"麻的"还是"秃的"？这是一个小玩意儿，但也一样可赌输赢。

一个钱只有两面，一面麻的和一面秃的。所以任它乱转，结果出现麻的机会和出现秃的机会，同是偶然。在这偶然中若是只希望麻的或只希望秃的，那么，达到这希望的机会都只有一半。照数学上的说法，就是二分之一。二分之一这个数，在数学上称为转一个钱出现麻的面或秃的面的概率。

一个钱是两面，所以它转动的结果，"可能"出现的不同的样子有两个。你指定要麻的面或秃的面，那么就只有一面能给你"成功"。所以概率的基本原理是：

一件事，在机会均等的场合，"成功数"对于"可能数"的"比"就是它

1.一种危害革命事业的不良文风。"五四"运动以后，一些留过洋的资产阶级和小资产阶级知识分子，生吞活剥西方文化，死搬硬套马克思列宁主义。

的"概率"。

这个原理，有两点应当注意：第一，就是要在机会均等的场合。有些人常说，专门放赌的人，他的骰子里面灌有铅，所以赢的一面不容易滚出，这就是机会不均等。严格地说，事实上的机会均等是没有的。这正如事实上没有真正的圆，没有真正的直线，没有真正的平面一般，但这和我们讨论原理、法则没有关系。

第二点应当注意的，也可说是概率的基本性质，概率总是比1小。若等于1，那就成为必然的了，比如你将一个钱两面都涂上红，要转出红的面，那必然可以转出来。

除此之外，还有一点也很重要，就是概率，我们按照理论计算出来，要在数目很大的时候才能和事实相近，实验的次数越多，相近的程度也就越大。用一个钱转两三次，转出来的也许全是麻的面，或全是秃的面，但若转到一千次、一万次、十万次，你可就以看出麻的面或秃的面出现的次数，渐渐近于二分之一。赌场中有句俗话说："久赌必输。"这就是因为成功的概率天生就比1小，赌的次数越多，这概率越准。（这只是大概的说法，真要讨论赌业的问题，这还不够。）

成功的概率比1小，反过来，失败的概率也比1小，但它俩的和却恰好等于1，这很容易想明白，用不着再说明了。

照转钱的例子来看掷骰子：一颗骰子有1，2，3，4，5，6六面，所以掷到碗里"可能"出现的样子有6。若你指定要的是红（4），那么成功的数只是1，所以它的概率便是1对6的比，只有6分之一；而失败的数，却是6分之5。两个相加等于6分之6，恰好是1。你若老和别人赌红，久赌你当然输。你要想赢也可以，只要你的钱多到用不尽。那么，比如你第一次赌一个钱，你也只想赢个对本，失败了；第二次你就赌两个，再失败；第三次赌四个……总之，把以前输的加上一倍去赌，保证有一天能把钱赢到手。然而，朋友！要紧的是你有那么多钱，不然别人的概率是6分之5，你的只是6分之1，结果总是要你脱了衣服押在那里的。

譬如我们的骰子是特制的,有一面是2,两面是3,三面是4,那么,掷到碗里可能出现的数仍然是6,出现2的概率便是6分之1;出现3的,是6分之2——3分之1——出现4的是6分之3——2分之1。

再举一个例子:譬如一只口袋里面只有黑白两种棋子,黑的数目是 p,白的是 q,那么随手摸一颗出来,这颗棋子是黑的,它的概率是 $\frac{p}{p+q}$。反过来它要是白的,这概率便是 $\frac{q}{p+q}$。两个相加恰好是 $\frac{p+q}{p+q}$ 等于1。

看了这几个例子,概率的概念和基本原理大概可以明了了吧!但是凭这一点简单的原理,还不能说明我们所提出的问题,原来上面的例子,说到钱只有一个,说到骰子也只讲的是一颗,就是最后的例子,口袋里棋子的数目虽没有什么明确的规定,这只相当于一颗骰子所有的面数,而我们所说到的还只是摸出一颗黑棋子,或一颗白棋子的概率。现在,我们进一步来看较复杂的例子,比如用两个钱转,要计算出现一个麻和一个秃的概率;又比如把两颗骰子掷到碗里,要计算它出现全红的概率,以及由上面的口袋中连摸两颗棋子若要全是白的,我们来计算它的概率,这都较为复杂了。

暂且将这三个问题丢下,我们先来看另外的一个例题。比如,一只口袋里有红、白、黑、绿四种颜色的棋子,红的3颗、白的5颗、黑的6颗、绿的8颗,我们伸手在袋里任意摸出一颗来,要它是红的或黑的,这样,它的概率是多少呢?

第一步,我们知道,这只口袋里面所有的棋子总共是:

$3+5+6+8=22$

所以随手摸一颗可能出现的样子是22。

在这22颗棋子当中只有3颗是红的,所以摸一颗红的出来的概率是22分之3。

同样的道理,摸一颗黑的出来的概率是22分之6。

无论红的出现或黑的出现，我们的目的都算达到了，所以我们成功的概率，应当是它们俩各自的概率的和，就是：

$$\frac{3}{22}+\frac{6}{22}=\frac{9}{22}$$

一般来说，比如那口袋里有 $A_1, A_2, A_3 \cdots\cdots$ 种棋子，各种的数目是 $a_1, a_2, a_3 \cdots\cdots$，那么，摸一颗棋子出来是 A_1 的概率便是 $\frac{a_1}{a_1+a_2+a_3+\cdots\cdots}$，或是 A_2，$A_3 \cdots\cdots$ 的概率是：$\frac{a_2}{a_1+a_2+a_3+\cdots\cdots}$，$\frac{a_3}{a_1+a_2+a_3+\cdots\cdots}$ $\cdots\cdots$ 若我们所要的是某几种中的一种出现，那么，成功的概率就是这几种各自出现的概率的和。

另举一个例子，比如一只口袋里只有白棋子5颗，黑棋子8颗，我们连摸两次，第一颗要是白的，第二颗要是黑的（假如第一颗摸出仍然放回去），这个成功的概率有多少呢？

这个问题，乍看去好像和前一个没有什么分别，但是仔细一想，完全不同。口袋中的棋子是5加8总共13颗，所以第一次摸出白棋子的概率是13分之5，第二次摸出黑棋子的概率是13分之8，这都很容易明白。但现在的问题是：我们成功的概率是不是13分之5和13分之8的和呢？它们两个的和恰好是1，前面已经说过，概率总比1小，若等于那1就成为必然的了。事实上，我们的成功不是必然的，可见照前例将这两个概率相加，是谬误。那么，怎样求出我们成功的概率呢？

仔细思索一下，这两个例子，我们成功的条件虽然都是两个，但在这两个例子中，两个条件的关系却大不相同。前一个例，两个条件——出现红的，和出现黑的，——无论哪个条件成立，我们都成功。换句话说，就是"只需"有一个条件成立就行；在这第二个例中却"必须"两个条件——第一颗白的，第二颗黑的，——都成立。而第一次摸出的是白子，第二次摸出的还不一定是黑子，因此，在第一个条件成功的希望当中还只有一部分是完全成功的希望。按照上例的数字说，第一个条件的成功概率是13分之5，而第二个条件的成功的概率是13分之8。所在我们全部成功的概率，在13分之5当中还只有13分之8，就是：

$$\frac{5}{13}之\frac{8}{13}=\frac{5}{13}\times\frac{8}{13}=\frac{40}{169}$$

因为这两种概率的性质绝然不同，在数学上就给它们各起一个名字，前一种叫"总和的概率"，后一种叫"构成的概率"。前一种是将各个概率相加，后一种是将各个概率相乘。前一种的性质是各个概率只需有一个成功就是最后的成功；后一种的性质是各个概率必须全都成功，才是最后的成功。

事实上，我们所遇见的问题，有些时候，两种性质都有，那就得同时将两种方法都用到。假如第二个例子，不是限定要第一次是白的，第二次是黑的，只需两次中的颜色不同就可以。那么，第一次是白的，第二次是黑的，它概率是$\frac{5}{13}\times\frac{8}{13}$；而第一次是黑的，第二次是白的，它的概率是$\frac{8}{13}\times\frac{5}{13}$。这都属于构成的概率的计算。但无论是先白后黑，或先黑后白，我们都算成功。所以我们成功的概率，就这两种情况说，是属于总合的概率的计算，而我们所求的数是：

$$\frac{5}{13}\times\frac{8}{13}+\frac{8}{13}\times\frac{5}{13}=\frac{40}{169}+\frac{40}{169}=\frac{80}{169}$$

概率的计算是极有趣味而又最需要小心的，对于题目上的条件不能掉以轻心，但这里不是专门讲它，所以我们就回到开始的问题上去吧！

第一，六颗骰子掷到碗里，滚来滚去，究竟会出现多少花头呢？关于这个问题，先得假定一个条件，就是我们能够将六颗骰子辨别得清楚。照平常的情形，只要掷出一颗红，就是秀才，无论这颗红是六颗骰子当中的哪一颗滚出来的，这样，数目就简单了。

依了这个假定，照排列法计算，我们总共可以掷出的花头，应当是6的6乘方，就是46656种；但若六颗骰子完全一样，不能分辨出来，那就只有7776种了（$6^6\div6$）。

在这46656种花样当中，出现一颗幺的概率有多少呢？我们既假定了六颗骰子是可以辨得清楚的，那么无妨先从某一个骰子出现幺的概率来讨论, 因为我们只要一颗幺, 所以除了这一颗指定要它出现幺以外, 都必须滚出其他的五面来才可以成功。换句话说, 就是其余的五颗骰子必须不出现幺, 照概率的基本原理, 指定的骰子出现幺的概率是6分之1, 其他五颗骰子不出现幺的概率每个都是6分之5。又因为最后成功需要这些条件都同时存在才行, 所以这应当是构成的概率和计算法, 它的概率便是:

$$\frac{1}{6} \times \frac{5}{6} \times \frac{5}{6} \times \frac{5}{6} \times \frac{5}{6} \times \frac{5}{6} = \frac{3125}{46656}$$

但是, 无论六颗骰子当中的哪一颗滚出幺来, 都合于我们的要求, 所以我们所求的概率, 应当是这六颗骰子每一个出现幺的概率和总和。那就等于6个46656分之3125相加, 即是:

$$\frac{3125}{46656} \times 6 = \frac{3125}{7776}$$

我们一看这数字差不多接近二分之一, 所以这概率算是比较大的。这不足为奇, 事实上我们掷六颗骰子到碗里, 总常看见有幺。

依照这个计算法, 我们可以掷出两个幺来的概率是:

$$\left(\frac{1}{6} \times \frac{1}{6} \times \frac{5}{6} \times \frac{5}{6} \times \frac{5}{6} \times \frac{5}{6} \right) \times 6 = \frac{625}{7776}$$

照推下去, 可以掷出3, 4, 5, 6个幺的概率是:

$$\left(\frac{1}{6} \times \frac{1}{6} \times \frac{1}{6} \times \frac{5}{6} \times \frac{5}{6} \times \frac{5}{6} \right) \times 6 = \frac{125}{7776}$$

$$\left(\frac{1}{6} \times \frac{1}{6} \times \frac{1}{6} \times \frac{1}{6} \times \frac{5}{6} \times \frac{5}{6} \right) \times 6 = \frac{25}{7776}$$

$$\left(\frac{1}{6} \times \frac{1}{6} \times \frac{1}{6} \times \frac{1}{6} \times \frac{1}{6} \times \frac{5}{6} \right) \times 6 = \frac{5}{7776}$$

$$\frac{1}{6} \times \frac{1}{6} \times \frac{1}{6} \times \frac{1}{6} \times \frac{1}{6} \times \frac{1}{6} = \frac{1}{46656}$$ (注意这里不用6去乘了)

将这六个概率一比较, 可以清楚地看出来, 概率依次减少, 后一个总只有前一个的 $\frac{1}{5}$, 而六颗幺的概率比五颗幺的只有 $\frac{1}{30}$, 比一颗幺的不过 $\frac{13}{18750}$。所以事实上六颗骰子掷到碗里滚出全色的幺来是极少有的。

在理论上, 一颗骰子出现1, 2, 3, 4, 5, 6的机会是均等的, 所以出现一颗红的概率也是 $\frac{3125}{7776}$, 并不比出现一颗幺难。同样的理由, 出现五颗6或五颗红的概率也和出现五颗幺的一样，仍是 $\frac{5}{7776}$，而全六或全红的概率也只有 $\frac{1}{46656}$。

这就可以再进一步来看"恨点不到头"和"火烧梅花"的概率了。它不但要五颗出现6或红，而且还要剩下的一颗出现的是5。照通常的道理来看，这第二个条件的概率当然是 $\frac{1}{6}$。但在这里却有一点要注意，$\frac{1}{6}$ 这个概率是由一颗骰子有六面来的。然而就第一个条件讲，已经限定是五颗6或红，这颗就绝不能再是6或红。因此六面中得有一面需先除掉，只有五面是合条件的，所以第二个条件的概率应当是 $\frac{1}{5}$，而那两个名堂各自出现的概率便是：

$$\frac{5}{7776} \times \frac{1}{5} = \frac{1}{7776}$$

从这计算的结果，我们可以知道全色比五子出现的概率小，我们觉得它难出现，这很合理。至于把红看得比幺高贵些，只是一种人为的约束，并不是它比幺难出现，到此我们的问题就算解决了。

也许，还有人不满足，因为我们所得出的只是客观的理论，和主观的经验好像不大一致。我们将骰子掷到碗里时，满心不愿意幺出现，而偏偏常常见到的都是它。要解释这疑团倒很容易，你只需去试验几次，改过来，出现一个幺得一个秀才，出现两颗幺得一个举人。你就可以看出来，红又会比幺容易出现了，这是不是因为骰子也和我们人一样有意志，而且习惯为难我们呢？

说骰子也有意志，而且还习惯为难我们，这似乎太玄妙了，比有鬼神在赌场上做主宰还更玄妙些。那么，只好说是我们的经验错了！

经验怎么会错呢？其实说它没有错，也不是不可以，这个经验纯属主观的罢了。我们一进赌场，哪怕是逢场作戏，并非真赌什么输赢，但我们总想比别人都得意。因此，我们的注意力当然只集中到红上面去，它的出现就使我们感到欣喜。幺的出现是我们不希望的，所以在我们心里，对它的感情恰好相反，因为厌恶它，仇人相见分外眼明，就觉得它常常都滚出来了。

　　归结起来，我们的经验是生根在感情上的。倘若我们能够耐下心来，把各个数每次出现的数目都记下来，一直记到几百千万次，再将它们统计一下，这才是纯理性的、客观的。这个经验一定和我们平常所得到的大相悬殊，而和我们计算的结果相近。所以科学的方法第一步是观察和实验，要想结果可靠，观察者和实验者的头脑必须保持冷静。如果只根据客观的事实记录，毫不掺杂一点儿主观的情感或偏见，这是极难的。许多大科学家，也常常因为自己的情感和偏见耽误他们的事业！

　　在我们的日常生活中，又不能真是冷冷静静地过日子，每次遇见一件事都先看明白，打算清楚，再按部就班地去做。季文子要三思而后行，孔老先生已觉得他太过分了，只说再思就可以。由此可见，我们的生活靠理性的成分少，靠直觉和情感的时候多。我们一天一天地这么生活下来，不知不觉中已养成一个容易动感情和不能排除偏见的习惯，一旦踏进科学的领域，怎么能不失败呢？

　　像掷骰子这类玩意儿，我们可以借数字将它的变化计算出来，使我们得到一个明确的认识。但别的现象，因为它本身的**繁复**，以及数学和其他的科学还没有达到充分进步的境界，我们就没法去得到明确的认识。因而在研究的时候，要除去情感和偏见就更不容易了。

　　类似于玩骰子的事，我们要举起例来，真是俯拾即是，不胜枚举，这里再来随便说几个，以证明我们的日常生活是多么不理性。

　　比如你家里有人生了病，你正着急万分，有一位朋友好心来看望你，他给你介绍医生，他给你说单方。你听他满口说出的都是那医生医好了人的例和那单方的神效的奇迹。然而你信了他的话，你也许不免要倒一次大霉。你将讨厌他吗？他是好心，他和你说的也都不是欺骗的话，只怪你不会问他那医生，会有多少人上过那单方的当！其实，你真的去问他，他也回答不上来，他不是有意来骗你，只是他不会注意到。

　　又比如前几年，上海彩票很风行的时候，你听那些买彩票的人，他们口里所讲的都是哪一个穷困的读书人东拼西凑地买了一张，就中了头彩。不然就是某个人也得了大奖，但你绝不会听到他们说出一个因买彩票倒霉的人来。他们一点儿不知道吗？不是的，也许它们自己就连买了好几次不曾中过，但是这种事实不利于他们，所以不高兴留意，也就不容易想起来。即使想起来了，他们总还想着即将到来的一次不会就和以前一样。

确实，在我们的日常生活中，我们喜欢保留在记忆里的，总是有利于我们的事实。因为这样，我们永远就只会打如意算盘。会有例外吗？那就是经过不知多少次失败的人，简直丧了胆，他的记忆里，又全都是失败的事实了。然而无论哪一种人，相同的都只是偏见。

我们的生活是否应当完全受冷静的、理性的支配？即使应当，究竟有没有这样的可能？这都是另外的问题，姑且存而不论。只是现在已经有许多人都觉得科学重要，竭力地在鼓吹着，那么科学的方法当然是根本的问题。别人的科学发达，并不是从地上捡来的，也没有什么神奇奥妙，不过是他们能够应用科学方法去整理每天呈现在他们眼前的事象而已。

要想整理事象，第一步就必须先将那事象看得明了、透彻。偏见和感情好比一副着色的眼镜，这副眼镜架在鼻梁上面，两眼就没法把外面的真实色相看得清楚。所以踏进科学的领域的第一步，是观察和实验。在开始观察和实验之前，必须得先从鼻梁上将那副着色的眼镜扯下来。这自然不是一件容易的勾当，但既然需要它，不容易也得干！

观察和实验说来很简单，只要去看、去实验就好了，但真能做得好，简直可以说已踏到了科学的领域一半。即使我们真能尽量地除去主观的成见和情感，有时因为所观察和所实验的范围太窄了，也一样得不出普遍的、近于真实的结果，容我再来跑一次野马说一段笑话吧！

从前，有一户人家小少爷生了病，要去请医生，因为他们家的丫头的眼睛能够看得见冤鬼，主人便差了她出去。临出门时，嘱咐她看见那医生的后面跟着的冤鬼最少的，便请来。她到街上走来走去果然看见了一位背后只跟着一个冤鬼的医生，便请了回家，并且将她看见的情形背着医生告诉了主人。主人非常高兴，对那位医生十二分地尊敬，和医生谈了不少的话，最终问他行了几年医，他的回答是："今天上午刚开始，只医过一个人。"

朋友！这笑话有趣吗？我们研究科学的时候，最痛苦的是没有可以看清冤鬼的眼睛，但即使有，就不会错吗？

写这篇的意思，原不过是想说明在日常生活中，我们容易被眼前的事实欺骗，将真实的事象掩盖。因为说起来一时觉得方便，就借了掷骰子来举例。写到这里觉得这有个大缺点，就是前面说的，都不是观察和实验的结果，只是一种原理的演绎。倘使真有人肯将六个骰子丢在碗里掷，掷过几十万次，每次的情形都记录下来，在研究上，那个材料比这单从理论推演而来的更有意义些。

自然，我不是说前面的推论还有什可怀疑的地方，必须要有观察和实验的结果来客串镖师！倘若我们真要研究别的问题的时候，最好还是先从观察和实验的工夫做起。依靠现成的理论来演绎，一不小心，我们所依靠的理论，就先统治着我们，成为我们的着色的眼镜，不是吗？在科学的研究中，归纳法比演绎法更重要啊！

什么是归纳法，下次再谈吧！

　　堆罗汉这种游戏，在学校中很常见，这里用不到再来说明，只不过举它做个例：从最下排起数上去，每排次第少一个人，直到顶上只有一个人为止。像这类依序相差同样的数的一群数，在数学上我们叫它们是等差级数。关于等差极数的计算，其实并不难懂，小学的数学课本里面也都有讲到，所以这里也将它放在一边，只讲从1起到某一数为止的若干个连续整数的和，用式子表示出来，就是：

　　（1）　$1+2+3+4+5+6+7+\cdots\cdots$

　　和这个性质相类似的，还有从1起到某数为止的各整数的平方和、立方和，就是：

　　（2）　$1^2+2^2+3^2+4^2+5^2+6^2+7^2+\cdots\cdots$

　　（3）　$1^3+2^3+3^3+4^3+5^3+6^3+7^3+\cdots\cdots$

第 一 图

从第一图看去，这个长方形由A，B两块组成，而B恰好是A的倒置，所以：

$$A = 1+2+3+4+5+6+7$$

$$B = 7+6+5+4+3+2+1$$

A，B的总和是相同的，各等于整个矩形的面积的一半。至于这个矩形的面积，只要将它的长和宽相乘就可得出了，它的长是7，宽是 $7+1$，因此面积便是：

$$7 \times (7+1) = 7 \times 8 = 56$$

而A的总和正是这56的2分之1，由此我们就得出一个式子：

$$1+2+3+4+5+6+7 = \frac{7 \times (7+1)}{2} = \frac{7 \times 8}{2} = 28$$

这个式子推到一般的情形去，就变成了：

$$1+2+3+4+\cdots\cdots+n = \frac{n(n+1)}{2}$$

第二、第三个例，我们也可以用图形来研究它们的结果，不过比较繁杂，但也更有趣味，现在还是分开来讨论吧。

第 二 图

从第二图，我们注意小方块的数目和大方块的关系，很明白地可以看出来：

$$1^2 = 1$$

$$2^2 = 1 + 3$$

$$3^2 = 1 + 3 + 5$$

$$4^2 = 1 + 3 + 5 + 7$$

······

$$7^2 = 1 + 3 + 5 + 7 + 9 + 11 + 13$$

若用话来说明，就是2的平方恰好等于从1起的2个连续奇数的和；3的平方恰等于从1起的3个连续奇数的和，一直推下去，7的平方就是从1起的7个连续奇数的和。所以若要求从1到7的7个数的平方和，只需将上列七个式子的右边相加就可以了。虽然这个法子没有什么不合理的地方，毕竟不简便，而且从中要找出一般的式子也不容易，因此我们得另找一条路。

试将各式的右边表示的和，照堆罗汉的形式堆起来，我们就得出第三图的形式：（为了简便，只用1，2，3，4四个数。）

第 三 图

第 四 图　　　　第 五 图　　　　　　　第 六 图

　　从这几个图，可以看出这样的结果，$1^2+2^2+3^2+4^2$ 这个总和当中有 4个1, 3个3, 2个5, 一个7。所以我们要求的总和，依前一个形式可以排成第四图，依后一个形式可以排成第五图。将它们比较一下，我们马上就知道若将第四图倒置，拼到第五图，那么右边就没有缺口了；若将第四图不但倒置而且还翻一个身，拼成第六图，那么，左边也就直了。所以用两个第四图和一个第五图刚好能够拼成第六图那样的一个矩形。由它，我们就可知道所求的和正是它的面积的3分之1。

　　至于这个矩形：它的长是 $1+2+3+4=\dfrac{4\times(4+1)}{2}=10$，宽却是 $4+1+4=9$。因此，它的面积应当是 $10\times9=90$，而我们所要求的 $1^2+2^2+3^2+4^2$ 的总和应当等于90的3分之1，那就是30。按照实际去计算 $1^2+2^2+3^2+4^2=1+4+9+16$，也仍然是30。由此可知，这个观察没有一丝错误。

　　若要推到一般的情形去，那么，第六图这个矩形的长是：

$$1+2+3+4\cdots\cdots+n=\frac{n(n+1)}{2}$$

而它的宽却是：

$$n+1+n=2n+1$$

所以它的面积就应当是：

$$(1+2+3+4\cdots\cdots+n)(n+1+n)=\frac{n(n+1)(2n+1)}{2}$$

这就可证明：

$$1^2+2^2+3^2+4^2+\cdots\cdots n^2=\frac{n(n+1)(2n+1)}{6}$$

比如，我们要求的是从1到10十个整数的平方和，n 就等于10，这个和便是：

$$\frac{10\times(10+1)\times(2\times10+1)}{6}=\frac{10\times11\times21}{6}=385$$

说到第三个例子，因为是数的立方的关系，照通常的想法，只能用立体图形来表示，但若将乘法的意义加以注意，用平面图形来表示一个立方，也不是完全不可能。先从 2^3 说起，照原来的意思本是3个2相乘，若用式子写出，那就是 $2\times2\times2$。这个式子我们也可以想象成 $(2\times2)\times2$，这就可以认为它所表示的是2个2的平方的意思，可以画成第七图的A，再将形式变化一下，可得出第七图的B。

第 七 图

第 八 图

第 九 图

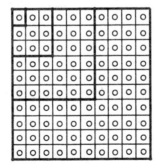

第 十 图

同样地，3^3可以用第八图的A或B表示，而4^3可以用第九图的A或B表示。

仔细观察一下第七、八、九图的B，我们得出下面的关系：

第七图的B的缺口恰好是1^2，但1^3和1^2，我们用同一形式表示，在意义上没有很大的差别，所以1^3刚好可以填2^3的缺口。

第八图B的缺口，每边都是3，这和第七图B的外边相等，可知1^3和2^3一起，又正好可将它填满。

最后，第九图的B的缺口每边都是6，又恰等于第八图的B的外边。因此1^3，2^3和3^3并在一起，也能将它填好。按照这个填法，我们便得第十图，它恰巧是$1^3 + 2^3 + 3^3 + 4^3$的总和。

从另一方面来说，第十图只是一个正方形，每边的长都等于：

$1 + 2 + 3 + 4$

所以它的面积应当是（$1+2+3+4$）的平方，因此我们就证明了下面的式子：

$$1^3 + 2^3 + 3^3 + 4^3 = (1+2+3+4)^2$$

但这式子右边括弧里的数，照第一个例应当等于：

$$1 + 2 + 3 + 4 = \frac{4 \times (4+1)}{2} = 10$$

因此：

$$1^3 + 2^3 + 3^3 + 4^3 = (1+2+3+4)^2 = \left[\frac{4 \times (4+1)}{2} \right]^2 = 10^2 = 100$$

推到一般的情形去：

$$1^3 + 2^3 + 3^3 + 4^3 + \cdots\cdots + n^3 = (1+2+3+4+\cdots\cdots+n)^2 = \left[\frac{n \times (n+1)}{2} \right]^2$$

上面的三个例子，我们都只凭了几个很小的数字的观察，便推到一般的情形去，而得出一个含有n的公式。n代表任何整数，这个推证究竟可不可靠呢？换句话说，就是我们的推证有没有别的根据呢？按照实际的情形说，我们已得出的三个公式都是对的。但它对不对是一个问题，我们的推证法可不可靠又是一个问题。

我来另举一个例子，比如11，它的平方是121，立方是1331，四次方14641。从这几个数，我们可以看出三个法则：第一，这些数排列起来，对于中点说，都是对称的；第二，第一位和末一位都是1；第三，第二位和倒数第二位都等于乘方的次数。依这个观察的结果，我们可不可以说11的 n 次方便是 $1n \cdots\cdots n1$ 呢？要下这个判断，我们无妨再举出一个次数比4还高的乘方来看，最简便的自然就是5。11的5乘方，照实际计算的结果是161051。上面的三个条件，只有第二个还存在，若再乘到8次方，结果是214358881，就连第二个条件也不存在了。

由这个例子，可以看出来，单就几个很小的数的变化观察得的结果，便推到一般去，不一定可靠。由这个理由，我们就不得不怀疑我们前面所得出的三个公式。倘使没有别的方法去证明，在那三个例中是有特殊的情形可以用那样的推证法，那么，我们宁愿去找另外一条路来解决。

是的，确实应该对前面所得出的三个公式产生怀疑，但我们也并非毫无根据。第一个式子最少到7是对的，第二、第三个式子最少到4也是对的。我们若耐心地接着试验下去，可以看出来，就是到8，到9，到100，乃至到1000都是对的。但这样试验，一来未免笨拙，二来无论试验到什么数，我们总是一样地不能保证那公式便有了一般性，为此我们只得舍去了这种逐步试验的方法。

我们虽怀疑那公式的一般性，但无妨"假定"它的形式是对的，再来加以检查，为了方便，容我在此重写一次：

（一）$1 + 2 + 3 + \cdots\cdots + n = \dfrac{n(n+1)}{2}$

（二）$1^2 + 2^2 + 3^2 + 4^2 + \cdots\cdots + n^2 = \dfrac{n(n+1)(2n+1)}{6}$

（三）$1^3 + 2^3 + 3^3 + \cdots\cdots + n^3 = \left[\dfrac{n(n+1)}{2}\right]^2$

在这三个式子中，我们说 n 代表一个整数，那么 n 以下的一个整数就应当是 $n+1$。假定这三个式子是对的，我们试来看看，当 n 变成 $n+1$ 的时候是不是还对，这自然只是依照式子的"形式"去考查，但这种考查我们用不着怀疑。在某种意义上，数学便是符号的科学，也就是形式的科学。

所谓 n 变到 $n+1$，无异于说，在各式的两边都加上一个含 $n+1$ 项，照下面的程序计算：

（一）$\begin{aligned} 1+2+3+\cdots\cdots+n+(n+1) &= \dfrac{n(n+1)}{2}+(n+1) \\ &= \dfrac{n(n+1)+2(n+1)}{2} \\ &= \dfrac{(n+1)(n+2)}{2} \\ &= \dfrac{(n+1)(\overline{n+1}+1)}{2} \end{aligned}$

（二）$\begin{aligned} 1^2+2^2+3^2+\cdots\cdots n^2+(n+1)^2 &= \dfrac{n(n+1)(2n+1)}{6}+(n+1)^2 \\ &= \dfrac{n(n+1)(2n+1)+6(n+1)^2}{6} \\ &= \dfrac{(n+1)(n+2)(2n+3)}{6} \\ &= \dfrac{(n+1)(\overline{n+1}+1)(2\overline{n+1}+1)}{6} \end{aligned}$

（三）$\begin{aligned} 1^3+2^3+3^3+\cdots\cdots n^3+(n+1)^3 &= \left[\dfrac{n(n+1)}{2}\right]^2+(n+1)^3 \\ &= \dfrac{n^2(n+1)^2}{4}+(n+1)^3 \\ &= \dfrac{n^2(n+1)^2+4(n+1)^3}{4} \\ &= \dfrac{(n+1)^2(n^2+4n+4)}{4} \end{aligned}$

$$= \frac{(n+1)^2(n+2)^2}{4}$$

$$= \frac{(n+1)^2(\overline{n+1}+1)^2}{4}$$

$$= \left[\frac{(n+1)(\overline{n+1}+1)}{2} \right]^2$$

从这三个式子的最后的结果看去,和我们所假定的式子,除了 n 改成 $n+1$ 以外,形式完全相同。因此,我们得出一个极重要的结论:

"倘使我们的式子对于某一个整数,例如 n 是对的,那么对于这个整数的下一个整数,例如 $(n+1)$,也是对的。"

事实上,我们已经观察出来了,这三个式子至少对于4都是对的。运用这个结论,我们无需再试验,也就有理由可以断定它们对于 5(4+1) 都是对的。既然对于5对了,那么同一理由,对于 6(5+1) 也是对的,再推下去对于 7(6+1) , 8(7+1) , 9(8+1) ……都是对的。

到了这里,我们就有理由承认这三个式子的一般性,再不容怀疑了。

这种证明法,我们叫它是数学的归纳法。

数学上常用的多是演绎法,这是学过数学的人都知道的。关于堆罗汉这类级数的公式,算术上的证明法,也就是演绎的,为了便于比较,也将它写出。本来:

$$S = 1 + 2 + 3 + \cdots\cdots + (n-2) + (n-1) + n$$

若将这式子右边各项的颠倒顺序,就得:

$$S = n + (n-1) + (n-2) + \cdots\cdots + 3 + 2 + 1$$

再将两式相加,便得出下面的式子:

$$2S = [1+n] + [2+(n-1)] + [3+(n-2)] + \cdots\cdots + [(n-2)+3] + [(n-1)+2] + [n+1]$$

$$= [n+1] + [n+1] + [n+1] + \cdots\cdots + [n+1] + [n+1] + [n+1]$$

$$= n(n+1)$$

两边再用2去除,于是:

$$S = \frac{n(n+1)}{2}$$

这个式子和前面所得出来的完全一样,所以一点儿用不着怀疑,不过我们所用的方法究竟可不可靠也得注意。

一般说来,演绎法不大稳当,因为它的基础是建筑在一些更普遍的法则上面,倘使这些被它所凭借的、更普遍的法则当中,有几个或一个根本就不大稳固,那不是将有全盘动摇的危险吗?比如这个证明,第一步,将式子左边各项的顺序掉过,这是根据一个更普遍的法则叫作什么"交换定则"的。然而交换定则在一般情形固然可以运用无误,但在特殊的情形时,并非毫无问题。所以假如我们肯追根究底的话,这个证明法可以适用交换定则,也得另有根据。至于证明的第二、第三步,都是依据了数学上的公理,公理虽然没有什么证明做保障,但不容许怀疑,这可不必管它。

归纳法既比演绎法来得可靠,我们无妨再来探究一下。前面我们所用过的步骤,归纳起来有四个:

(一)根据少数的数目来观察出一个共通的形式;

(二)将这形式推到一般去,"假定"它是对的;

(三)校勘这假定的形式,是否再能往前推去。

(四)如果校勘的结果是肯定的,那么我们的假定就可认为合于事实了。

前面我们曾经说过:

$$1^2 = 1$$

$$2^2 = 1+3$$

$$3^2 = 1+3+5$$

$$4^2 = 1+3+5+7$$

由这几个式子我们知道:

$1 = 1^2$

$1 + 3 = 2^2$

$1 + 3 + 5 = 3^2$

$1 + 3 + 5 + 7 = 4^2$

观察这四个式子, 可以得出一个共通形式, 就是: 左边是从1起的连续奇数的和, 右边是这和所含奇数的"个数"的平方。

将这形式推到一般去, 假定它是对的, 那就得出:

$1 + 3 + 5 + \cdots\cdots + (2n - 1) = n^2$

到了这一步, 我们就要来校勘一下, 这形式再往前推一个奇数究竟对不对, 我们在式子的两边同时加上 $(2n-1)$ 下面的一个奇数 $(2n+1)$, 于是:

$$1 + 3 + 5 + \cdots\cdots + (2n - 1) + (2n + 1)$$
$$= n^2 + (2n + 1) = n^2 + 2n + 1 = (n + 1)^2$$

从这结果可知, 我们的假定如果对于 n 是对的, 那么对于 $(n+1)$ 也是对的。依我们的观察, 假设 n 等于1, 2, 3, 4的时候都是对的, 所以对于5, 对于6, 对于7, 8, 9……一步一步地往前推都是对的, 所以可认为我们的假定合于事实。

将数学的归纳法和一般的归纳法相比较, 这是一个很有趣的问题。大体来说, 它俩并没有什么根本的差异。我们无妨说数学的归纳法是一般的归纳法的一种特殊形式, 试从我们所截取的步骤来比较一下。

第一步, 在它俩当中, 都离不开观察和实验, 而观察和实验的对象也都同是一些特殊的事实。在我们前面所举的例子当中, 似乎只用到观察, 并没有经过什么实验。事实上，我们所研究的对象，有些固然是无法去实验，只能凭观察去探究。不过这是另外一个问题。若就步骤上说，我们所举的例子的第一步当中，也不是完全没有实验的意味。比如最后一个例子，我们从 $1=1^2$ 这个式子是什么意义也发现不出来，于是只好去看第二个式子 $1+3=2^2$，就这个式子说，我们能够得出许多假定来。前面所用过的，说左边要乘方的2就是表示右边的项数，这自然是其中的一个。但我们也可以说，那指数2才是表示右边的项数。我们又可以说，左边要乘方的2是右边的末一项减去1。像这类的假定可以找出不少，至于这些假定当中哪一个接近真实，那就不得不用别的方法来证明。到了这一步，我们无妨用各个假设到第三、第四个式子去试验一下，结果，便可看出，只有我们所用过的那一个是合于实际的。一般的归纳法，最初也是这样下手，将我们所要研究的对象尽量收集起来，仔细地去观察，遇着必要且可能的时候，小心地去实验。由这一步，我们就可以看出一些共同的现象来。

至于这些现象，由何产生？会生出什么结果？或是它们当中有什么关联？这，我们往往可以提出若干假定来，正和我们上一节所说的相同，在这些假定当中，自然免不了有一部分是根基极不稳固的，只要凭一些仔细的观察或实验就可推翻的。对于这些，自然在这第一步我们就可以将它们弃掉了。

第二步，数学的归纳法，是将我们所观察得到的形式推到一般去，假定它是真实的。至于一般的归纳法，因为它所研究的并不一定只是一个形式的问题，所以推到一般去的话很难照样应用。虽是这样，精神却没有什么不同，我们就是将自己观察和实验的结果综合起来，提出一些较普遍的假设。

有了这假设，进一步自然是要校勘它们，在数学的归纳法上，如前面所说过的，比较简单，只需将所假定的一般的式子当中的 n 推到 $n+1$ 就够了。若在一般的归纳法中，却没有这种便宜可讨。到了这境地，我们得利用演绎法，把我们的假定当作大前题，臆测它们对于某种特殊的事象应当发生什么结果。

这结果究竟会不会有呢？这又得靠观察和实验来证明了。经过若干的观察或实验，假如都证明了我们的臆测是分毫不爽的，那么，我们的假定就有了保障，成为了一个定理或定律。许多大科学家往往能令我们起敬、吃惊，有时他们简直好像一个大预言家，就是因为他们的假定的基础很稳固，所以臆测的结果也能合于事实的缘故。

在这里，有一点必须补说明白，若我们提出的假设不止一个，那么根据各个假设都可得出一些臆测的结果来，在没有别的事实来证明的时候，它们彼此之间绝没有什么价值的优劣可说。但到了事实出来做最后的证人时，自然"最多"只有一个假定的臆测可以胜诉。换句话说，也"最多"就只有一个假定是对的了。为什么我们还要说"最多"只有一个呢？因为，有些时候，我们所提出的假设也许全都不对。

一般的归纳法，应用起来虽不容易，但原理却不过如此。我们经过了上面所说的步骤，结果都很好。自然我们就可得出一些定理或定律来，不过有一点必须注意：在一切过程中，无论我们多么小心谨慎，毕竟我们的能力有限，所能探究的领域终不是全体，因此我们证明为对的假定，即使当成定理或定律来应用，我们还得虚心，应当常常想到，也许有新的，我们以前所不曾注意到的现象出来否定它，我们应当承认：

"科学只能诊断事实，不能否定事实。"

这句话是什么意思呢？

科学本来只是从事实中去寻出法则来，若有了一个法则，遇见和它抵触的事实，便武断地将这事实否定，这只是自己欺骗自己。因为事实的存在，并不能由我们空口说白话地否认，便烟消火灭的。

我还是举个例子来说，从这个例子当中，可以看出我们常有的两种态度都不大合理。

一年多以前就听说我们中国的中西医的斗争很激烈，这自然是一个极好的现象！从这斗争中，我相信总会有一些新的东西从医学界产生出来。现在的结果如何，我不曾听见，不敢臆断，好在和我此处要说的话无关，也就无妨丢开。我提到这个问题，只是要说明两种态度——对于中医的两种比较合理的态度。

一种是拥护的，他们所根据的是事实，毕竟中医已有了几千年的历史，医治好了不少病人，这是无可否认的。虚心而有经验的医生，对于某几种病症，也确实有把握，能够着手成春。

一种是反对的，他们所根据的是科学上的原理或法则，无论中医有什么奇效，都没有科学根据，即使有奇效，也只好说是偶然。至于一般中医的五行生克的说法，尤其玄妙，不客气地说，简直是荒唐。

依照前一种人的意见，中医当然应当存在；依照后一种人的意见，它就该被打倒。平心而论，各有各的理由，不全是也不全非。多少免不了一些情感掺杂在里面。若容许我说，那么，中医有它可以存留的部分，不过必须另外打个基础；同时它也有应当被打倒的部分，但并非全盘推翻。然而，这并不是根于什么中庸之道的结论。

既然中医有一部分成功的事实，我们就应当根据科学上的原理或法则去整理它们，找出合理的说明。比如说某种汤头治某种病症是有特效的，我们已从西医知道某项病症发生的原因和要医治它所必需的条件，那么，我们正可以分析一下那汤头合于这个条件的理由。这样，自然就有合理的说明可以得出一个稳固的基础了。拥护的人固然应当这样，才真正能达到目的，就是要推翻的人也应当这样才不是武断、专制！

事实和理论不合，可以说有两个来源：一是我们所见到的事实，并非是真的事实。换句话说，就是我们对于那事实的一切认识未必有科学的依据。譬如，患疟疾的人，画一碗符水给他喝到肚里，那病就好了。这事，我也曾经试做过，真有有效的时候，但我宁可相信，符水和疟疾的治疗风马牛不相及，只不过这两个事实偶然碰在一起，我们被它蒙混着罢了。真的，我从前给别人画符水，说来就可笑，我根本就不知道应当怎么画！

还有一个来源，便是科学上的原理或法则本身有缺点，比如对于某种病，西医用的是一种药，而中医用的是汤头，分析的结果和它全不相关，那么这种病就可以有两种治疗法，并非中医的就不对，因为已经有了对症治好的事实，这无可否认。

所谓科学诊断事实，由这个例子大致就可以说明白：第一，是诊断事实的真伪；第二，倘使诊断出它是真实的了，进一步就要找出合理的说明。所以科学的精神，最根本的是不武断、不盲从！我们常常听人家说，某人平时批评起别人来都很有道理，但事情一到他手里一样糟。这确实也是一个事实！对于这个事实，有些人就聪明地这样解释：学理是学理，事实是事实。从这解释当中还衍生出一个可笑的说法，那就是"书呆子"这个名词含有不少的轻蔑意味。其实凭空虚造的学理，哪里冒充得来真的学理？而真的学理，哪儿有不能应用到事实上去的理由呢？

话说得有些远了，归结一句，科学的态度是要虚心地去用科学的方法。

7 八仙过海

　　"八仙过海"只是一个玩意儿，我们只能在游戏场中碰到它，学校里的教科书上是没有的。老实说，平常研究这些玩意儿的朋友还多是目不识丁的中下阶级的分子。然而，这些朋友专门喜欢找学生寻开心，他们会使得你惊奇，会使得你莫名其妙，最后给你一个冷嘲："学校里念书的人这都不知道！"原来在我们中国一般人的心里都有个传统的思想，"一物不知，儒者之耻"，读书人便是儒者，所以不但应当知人之所不知，还应当知人之所知，不然就应当惭愧。传统思想自然只是传统思想，其实又有谁真能做到事事都知呢？不过话虽如此，有些小玩意儿却似乎应当知道，全都推脱，终不是一回事。"八仙过海"便是一个例子。只要肯思索的朋友，我相信花费一两个小时的时间就可以将这玩意儿的闷葫芦打破。

　　但是为了这一点小玩意儿，便费去一两个小时去思索，一天到晚所碰到的小玩意儿不知有多少，若都要思索，哪儿还有工夫读书、听讲？而且单是这般地思索，最好的结果也不过是一个小玩意儿的思想家，究竟登不上大雅之堂。这样一想，好像犯不上去思索了。那么为什么不将它也搬进教科书里去呢？我们读的教科书彻头彻尾是洋货，我们不自己搬进去，谁还来替我们搬不成？朋友，把我们的货色搬到他们的架子上去，这是要紧的工作。在这里，请容我再说几句闲话。我说的是把我们的货色搬到他们的架子上去，你切不可误会，以为我是劝你将他们的货色搬到我们的架子上来。我们有的是铁和铜,用它们照样造火车、造发动机,这叫将我们的货色搬到他们的架子上去;他们有的是上帝和耶稣,用它们照样和城隍财神一般地敬奉,这叫将他们的货色搬到我们的架子上来。朋友,架子是他们的好,这用不着赌气,货色却没有什么中外,都出自地壳。这虽只说到一个比方,但在我们读书的时候,它的根本含义却很重要。不过说来话长,别的时候再详谈吧。好在我要谈"八仙过海",也就是搬我们的货色到他们的架子上的一个例子,你若觉得还有意思,那就有点儿头绪了。

我不知道你碰到过"八仙过海"这类的玩意儿没有,为了说起来方便,还是先将它说明一番。

一个人将八个钱分上下两排排在桌上,叫你看准一个,记在心头。他将钱收起,重新排过,仍是上下两排,又叫你看定你前次认准的那一个在哪一排,将它记住。他再将钱收起,又重新排成两排,这回他叫你看,并且叫你告诉他你所看准的那一个钱这三次位置的上下。比如你向他说"上下下",他就将下一排的第二个指给你。你虽觉得有点儿奇异,想抵赖,可是你的脸色也不肯替你隐瞒了。这个玩意儿就是"八仙过海"。这人为什么会有这样的本领呢?你会疑心他是偶然猜中的,然而再来一次、两次、三次,他总不会失败,这当然不是偶然了。你就会疑心他每次都在注意你的眼睛,但是我告诉你,他哪儿有这么大的本领,只瞥了你一眼,就会看准了你所认定的那个钱?你又以为他能隔着皮肉看透你心上的影子,但是除了这一件玩意儿,别的为什么他又看不透呢?

这玩意儿的神妙究竟在哪里呢?朋友,你既然喜欢和数学亲近,大概总想受点儿科学的洗礼的,那么,我告诉你,宇宙间没有什么是神妙的。假如真有的话,我想便是"一个人有了脑筋本是会想的,偏不肯去想,但是你若要将他的脑袋割去,他又非常不愿意"这一件事实了。不是吗?既不愿用它,何必留它在脖子上?"八仙过海"不过是人想出来的玩意儿,何必像见鬼神一样对它惊奇呢?你若不相信,我就把玩法告诉你。

这玩法有两种：一种姑且说是非科学的，还有一种是科学的。前一种比较容易，但也容易被人看破，似乎未免寒碜；后一种却较"神秘"些。

D C B A 上
H G F E 下

第一图

先来说第一种。你将八个钱分成上下两排照第一图排好，便叫想寻它开心的人心里认定一个，告诉你它在上一排或是下一排。

O O C A 上　　O O O B 上
O O D B 下　　O O O D 下
第二图　　　　　　第三图

譬如他回答你是"上"，那么你顺次将上一排的四个收起，再收下一排的。然后将收在手里的一堆钱（注意，是一堆，你弄乱了那就要垮台了），上一个下一个地再摆作两排，如第二图。你将两图比较起来看，一图中上一排的四个到二图中分成上下各两个了。你再问他所认定的这次在哪一排。譬如他的回答是"下"，那么第一次在上，这一次在下的只有B和D，你就先将这两个收起，再胡乱去收其余的六个，又照第二次的方法排成上下两排，如第三图。在这图里B和D已各在一排，你再问他，若他说"上"，那他所认定就是B，反过来，他若说"下"，当然是D了。

你看这三个图，我在第二图有四个圈没写字，在第三图只写了两个，这不是我忘了，也不是懒，空圈只是表示它们的位置没有什么关系。

其实这种玩法道理很简单，就是第二回留一半在原位置，第三回留下一半的一半在原位置。四个的一半是二，两个的一半是一，这还有什么猜不着呢？

我不是说这种方法是非科学的吗？因为它实在没有什么一定的方式，

不但A, B, C, D在第二图可随意平分排在上下两排, 而且还不一定要排在右边四个位置, 只要你自己记清楚就好了。举个例说, 譬如你第一次将钱收在手里的时候是这样一个顺序: A, B, E, F, G, H, C, D, 你就可以排成第四图(样子很多, 这里不过随便举出两种), 无论在哪一种里, 其目的总在把A, B, C, D平分成两排。同样的道理, 第三图的变化也很多。

D C H G 上
F E B A 下
或
B F H D
A E G C
或……
第四图

老实说, 这种玩法简直无异于这样: 你的两只手里各拿着四个钱, 先问别人所要的在哪一只手, 他若说"右", 你就将左手的甩掉, 从右手分两个过去; 再问他一次, 他若说"左", 你又把右手的两个丢开, 从左手分一个过去, 再问他所要的在哪只手。朋友, 你说可笑不可笑, 你左手、右手都只有一个钱了, 他对你说明在左在右, 还用你猜吗?

所以第一种玩法是蒙混"侏儒"的小巧玩意儿。

现在来说第二种。

D C B A 上
H G F E 下
第五图

F B E A
H D G C
第六图

第二种和第一种的不同, 就是钱的三次位置, 别人是在最后一次才一口气说出来, 这倒需有点儿硬工夫。我还是先将玩法叙述一下吧。第一次排

67

成第五图的样子, 其实就是第一图, "上下"指的是排数, "1, 2……8"是钱的位置。你叫别人认定并且记好了上下, 就将钱收起, 照1, 2, 3, 4, 5, 6, 7, 8的顺序收, 不可弄乱。

收好以后你就从左到右先排下一排, 后排上一排, 成第六图的样子。

$$\begin{array}{cccc} 7 & 5 & 3 & 1 \\ G & E & C & A \\ 8 & 6 & 4 & 2 \\ H & F & D & B \end{array}$$

第七图

别人看好以后, 你再照1, 2, 3, 4, 5……的次序收起, 照同样的方法仍然从左到右先排下一排, 再排上一排, 这就成第七图的样子。

在这么一回, 若他说出来的是"上下下", 那就是下一排的第二个; 若他说"下下下", 那就是下一排的第四个。

为什么是这样呢?

朋友, 因为摆成功是那样的, 我们无妨将八个钱三次的位置都来看一下:

A——上上上

C——上下上

E——下上上

G——下下上

B——上上下

D——上下下

F——下上下

H——下下下

这样看起来, A, B, C, D……八个钱三次的位置没有一个相同, 所以无论他说哪一个你都可以指出来。

朋友，这次你该明白了吧？不过你还不要太高兴，我这段"八仙过海指南"还没有完呢，而且所差的还是最重要的一个"秘诀"。你难道不会想A, B, C, D……这几个字只有这图上才有，平常的铜元上没有吗？即使你另有八个记号，你要记清楚上上上是A，下下下是H……这样做也够辛苦的了。在这里却用得到"秘诀"。所谓秘诀就是八个中国字："王、元、平、求、半、米、斗、非。"这八个字，马虎点儿说，都可分成三段，若某一段中含有一横那就算表示"上"，不是一横便表示"下"，所以王字是上上上，元字是上上下……我们可以将这八个字和第七图相对顺次排成第八图的样子：

$$\overset{7}{G} \ \overset{5}{E} \ \overset{3}{C} \ \overset{1}{A} \ 上$$

斗	半	平	王
下	下	上	上
下	上	上	上
上	上	下	上

$$\overset{8}{H} \ \overset{6}{F} \ \overset{4}{D} \ \overset{2}{B} \ 下$$

非	米	求	元
下	下	上	上
下	上	下	上
下	下	下	下

第八图

由第八图，就可看明白，你只要记清楚王、元、平、求……的位置顺序和各字所代表的三次位置的变化，别人说出他的答案以后，你口中念念有词地暗数应当是第几个就行了。

譬如别人说下上上，那么应当是"半"字，在第五位；若他说上下上，应当是"平"字，在第三位，这不就可以瓮中捉鳖了吗？

暂时我们还不说到数学上面去。我且问你,这个玩意儿是不是限定要八个钱不能少也不能多?是的,为什么?假如不是,又为什么?"是"或"不是"很容易说出口,不过学科学的人第一要紧的是既然下个判断,就得说出理由来,除了对于那几个大家公认的基本公理或假说,是不容许乱说的。

经我这样板了面孔地问,朋友,你也有点儿踌躇了吧?大胆一点儿,先回答一个"是"字。真的,顾名思义,"八仙过海"当然总共要八个,不许多也不许少。

为什么?

因为分上下排,只排三次,位置的变化总共有八个,而且也只有八个。所以钱少了就有空位置,钱多了就有变化重复的。

怎样知道位置的变化总共有八个,而且只有八个呢?

不错,这是我们应当注意到的问题的核心,但是我现在还不能回答这个,且把问题再来盘弄一回。

"八仙过海"这玩意总共有下面的几个条件:

(1)八个钱;

(2)分上下两排摆;

(3)前后总共排三次;

(4)收钱的顺序是照直行由上而下,从第一行起;

(5)摆钱的顺序是照横排由左而右,从下一排起。

(4)(5)是排的步骤,(1)(2)(3)都直接和数学关联。前面已经回答过了,倘使(2)(3)不变,(1)的数目也不能变。那么,假如(2)或(3)改变一下,(1)的数目将怎样?

我简单地回答你,(1)的数目也就跟着要变。换句话说,若排数加多"(2)变"或是排的次数加多"(3)变",所需要的钱就不只八个,不然便有空位要留出来。

先假定排成三排,那么我告诉你,就要二十七个钱,因为上、中、下三

个位置三次可以调出二十七个花样。你不信吗? 请看下图:

```
9  8  7  6  5  4  3  2  1  上
18 17 16 15 14 13 12 11 10 中
27 26 25 24 23 22 21 20 19 下
```

第九图

```
21 12 3  20 11 2  19 10 1  上
24 15 6  23 14 5  22 13 4  中
27 18 9  26 17 8  25 16 7  下
```

第十图

```
25 22 19 16 13 10 7  4  1  上
26 23 20 17 14 11 8  5  2  中
27 24 21 18 15 12 9  6  3  下
```

第十一图

第九图本来是任意摆的, 不过为了说明方便, 所以假定了一个从(1)到(27)的顺序。

从第九图, 参照(4)(5)两步骤, 就可摆成第十图。

从第十图, 参照(4)(5)两步骤, 就可摆成第十一图。

现在我们来猜了。

甲说"上中下"——他认定的是6;

乙说"中下上"——他看准的是16;

丙说"下上中"——他瞄着的是20;

丁说"中中中"——他注视是的14;

……

总共二十七个钱, 无论别人看定的是哪一个, 只要他没有把三次的位置记错或说错, 都可以拿出来。

这更奇妙了，又有什么秘诀呢？

没有，没有，没有，回答三个"没有"或五个"没有"。"八仙过海"的秘诀不过比一定的法则来得灵动些，所以才用得着。现在要找二十七个字可以代表上、中、下的位置变化，实在没这般凑巧，即或有，记起来也一定不便当。那么，怎样找出别人认准的钱来呢？

好，你要想知道，那我们就来仔细考察第十一图，我将它画成第十二图的样子。

```
25 22 19 | 16 13 10 | 7 4 1 上
26 23 20 | 17 14 11 | 8 5 2 中
27 24 21 | 18 15 12 | 9 6 3 下
     下         中         上
   下 中 上   下 中 上   下 中 上
```

第十二图

图中分成三大段，你仔细看：第一段的九个是1到9，在第九图中，恰好都在上一排，所以我在它的下面写个大的"上"字；第二段的九个是10到18，在第九图中恰好都在中一排，所以下面写个大的"中"字；第三段的九个是从19-27，在第九图中恰好都是下一排，所以用一个大的"下"字指明白。

你再由各段中看第一行，它们在第十图中都是站在上一排；各段中的第二行，在第十图中都站在中一排；而各段的第三行，在第十图中都站在下一排。

这样，你总可明白了。甲说"上中下"，第一次是上，所以应当在第一段；第二次是中，所以应当在第一段的第二行；第三次是下，应当在第一段第二行的下一排，那不是6吗？

又如乙说"中下上"，第一次是中，应当在第二段；第二次是下，应当在第二段的第三行；第三次是上，应当在第二段第三行的上一排，那不就是

16吗？

你再将丙、丁……所说的去检查看。

明白了这个法则的来源和结果，依样画葫芦，无论排几排都可以，肯定成功，而且找法也和三排的一样。例如我们排成四排，那就要六十四个钱，我只将图画在下面，供你参考。说明呢，不再重复了。至于五排、六排、十排、二十排都可照推，你无妨自己画几个图去看。

```
一   1  2  3  4  5  6  7  8  9 10 11 12 13 14 15 16
二  17 18 19 20 21 22 23 24 25 26 27 28 29 30 31 32
三  33 34 35 36 37 38 39 40 41 42 43 44 45 46 47 48
四  49 50 51 52 53 54 55 56 57 58 59 60 61 62 63 64
```

第十三图

```
一   1  17 33 49  2  18 34 50  3  19 35 51  4  20 36 52
二   5  21 37 53  6  22 38 54  7  23 39 55  8  24 40 56
三   9  25 41 57 10  26 42 58 11  27 43 59 12  28 44 60
四  13  29 45 61 14  30 46 62 15  31 47 63 16  32 48 64
```

第十四图

```
一   1  5  9 13 │ 17 21 25 29 │ 33 37 41 45 │ 49 53 57 61
二   2  6 10 14 │ 18 22 26 30 │ 34 38 42 46 │ 50 54 58 62
三   3  7 11 15 │ 19 23 27 31 │ 35 39 43 47 │ 51 55 59 63
四   4  8 12 16 │ 20 24 28 32 │ 36 40 44 48 │ 52 56 60 64
         一              二              三              四
     一 二 三 四 │ 一 二 三 四 │ 一 二 三 四 │ 一 二 三 四
```

第十五图

譬如有人说"二四三"，那么他看定的钱在第十五图中的第二段第四行第三排，就是31；若他说"四三一"，那就应当在第十五图中的第四段第三行第一排，他所注视的是57。

上面讲的是排数增加，排的次数不变。现在假定排数不变，只是排的次数变更，再看有什么变化。我们就限定只有上下两行排。

第一步，譬如只排一次，那么这很清楚，只能用两个钱，三个就无法猜了。

若排两次呢，那就用四个钱，它的变化如下：

```
2 1 上          3 │ 1   上
4 3 下          4 │ 2   下
                下 │ 上
```

第十六图　　　　　　第十七图

它的变化是：

1——上 上

2——上 下

3——下 上

4——下 下

三次就是"八仙过海"，不用再说。譬如排四次呢，那就用十六个钱，排法和上面说过的一样，变化的图如下：

```
8  7  6  5  4  3  2  1  上
16 15 14 13 12 11 10 9  下
```

第十八图

```
12 4 11 3 10 2 9  1  上
16 8 15 7 14 6 13 5  下
```

第十九图

14 10 6 2 13　9 5 1 上
16 12 8 4 15 11 7 3 下

第二十图

15　13　11　9 ┃ 7　5　3　1 上
16　14　12　10 ┃ 8　6　4　2 下

下　　　　　上
下 ┃ 上　下 ┃ 上
下 ┃ 上 ┃ 下 ┃ 上 ┃ 下 ┃ 上 ┃ 下 ┃ 上

第二十一图

例如有人认定的钱的四次的位置是"上下下上"，那么应当在第二十一图中的第一段第二分段第二行的上排，是7；又如另有一个人说他认定的钱的位置是"下下上上"，那就应当在第二十一图中的第二段第二分段第一行的上一排，便是13。

照推下去，五次要用三十二个钱，六次要用六十四个钱……喜欢玩的朋友无妨当作消遣去试试看。

总结一下：前面说"八仙过海"的五个条件，由这些例子看起来，第一个是跟着第二、第三个变的。至于第四、第五，关于步骤的条件和前三个都没有什么直接关系。它们也可以变更。例如（4）我们也可以由下而上，或从末一行起，而（5）也可以由右而左从第一排起。不过这么一来，所得的最后结果形式稍有点儿不同。

从我们所举过的例子看，钱的数目是这样：

（1）分两排：

　　（a）排一次——2个

　　（b）排二次——4个

      (c) 排三次——8个

      (d) 排四次——16个

(2) 分三排:

      (a) 排一次——3个(我们可以想得到的)

      (b) 排二次——?个(请你先想想看)

      (c) 排三次——27个

      (d) 排四次——?个

(4) 分四排:

      (a) 排一次——4个(我们可以想得到的)

      (b) 排二次——?个

      (c) 排三次——64个

      (d) 排四次——?个

这次却真的到了底,我们要解决的问题是:

"分多少排,总共排若干次,究竟要多少钱,而且只能要多少钱?"

上面已举出的钱的数目,在那例中都是必要而且充足的,说得明白点,就是不能多也不能少。我们怎样回答上面的问题呢?假如你只要一个答案就满足,那么是这样的:

设排数是 a ,排的次数是 x ,钱数是 y ,这三个数的关系如下:

$$y = a^x$$

我们将前面已讲的例代进去,看看这个话是否靠得住:

(1) (a) $a = 2, x = 1,$ $\therefore y = 2^1 = 2$

    (b) $a = 2, x = 2,$ $\therefore y = 2^2 = 4$

    (c) $a = 2, x = 3,$ $\therefore y = 2^3 = 8$

    (d) $a = 2, x = 4,$ $\therefore y = 2^4 = 16$

(2) (a) $a = 3, x = 1,$ $\therefore y = 3^1 = 3$

(b) $\quad a = 3, x = 2, \quad \therefore y = 3^2 = 9 \quad$ （对吗？）

(c) $\quad a = 3, x = 3, \quad \therefore y = 3^3 = 27$

(d) $\quad a = 3, x = 4, \quad \therefore y = 3^4 = 81 \quad$ （？）

（3）(a) $\quad a = 4, x = 1, \quad \therefore y = 4^1 = 4$

(b) $\quad a = 4, x = 2, \quad \therefore y = 4^2 = 16 \quad$ （？）

(c) $\quad a = 4, x = 3, \quad \therefore y = 4^3 = 64$

(d) $\quad a = 4, x = 4, \quad \therefore y = 4^4 = 256 \quad$ （？）

照这个结果来看，我们所用过的例子都合得上，那个回答大概总有些可靠了。就是几个不曾试过的数，想起来也还不至于错误。不过单是这样还不行，别人总得问我们理由。此刻是无可拖延，只得找出理由来。

真要理由吗？就是将我们所用过的例子合在一起用脑力去想，一定可以想得出来的。不过，这实在大可不必，有别人的现成架子可以装得上去时，直接痛快地装上去多么爽气。那么，在数学中可以找到这一栏吗？

可以。那就是顺列法，我们就来说顺列法吧。

先说什么叫顺列法。

有几个不相同的东西，譬如A，B，C，D……几个字母，将它们的次序颠来倒去地排，计算这排法的数目，这种方法就叫顺列法。

第二十二图

顺列法的计算本来比较复杂，而且一不小心就容易弄错，要想弄清楚，自然只好去读教科书或是去请教你的数学教师。这里不过说着玩玩，只得限于基本的几个法则了。

第一，我们来讲几个东西全体的、不重复的顺列。这句话须得解释一下，譬如有A、B、C、D四个字母，我们一齐将它们拿出来排，这叫全体的顺列。所谓不重复是什么意思呢？那就是每个字母在一种排法中只需用一回，就好像甲、乙、丙、丁四个人排座位一样，甲既然坐了第一位，其余的三位当然不能再坐他的座位了。

要计算A、B、C、D这种排列法，我们先假定有四个位置在一条直线上，譬如是桌上画的四个位置，A、B、C、D是写在四个铜元上的。

第一步我们来就第一个位置想，A、B、C、D四个钱全都没有排上去，所以无论我们用哪一种摆法都行。这就可以知道，第一个位置有4种排法。我们取一个钱放到了1，那就只剩三个位置和三个钱了，跟着来摆第二个位置。

外面剩的钱还有三个，第二个位置无论用这三个当中的哪一个去填它都是一样。这就可以知道，第二个位置有3种排法。到了第二个位置也有一个钱将它占领时，桌子上只剩两个位置，外边只剩两个钱了。

第三个位置因为只有两个钱剩在外面，所以填的方法也只有2个。

当第三个位置也被一个钱占领了时，桌上只有一个空位，外面只有一个闲钱，所以第四个位置的排法便只有1个。

为了一目了然，我们还是来画一个图。

```
        1    2    3    4

                 C—D
             B <
                 D—C

                 B—D
        A    C <
                 D—B

                 B—C
             D <
                 C—B
```

$$
B
\begin{cases}
A < \begin{matrix} C—D \\ D—C \end{matrix} \\
C < \begin{matrix} A—D \\ D—A \end{matrix} \\
D < \begin{matrix} A—C \\ C—A \end{matrix}
\end{cases}
$$

$$
C
\begin{cases}
A < \begin{matrix} B—D \\ D—B \end{matrix} \\
B < \begin{matrix} A—D \\ D—A \end{matrix} \\
D < \begin{matrix} A—B \\ B—A \end{matrix}
\end{cases}
$$

$$
D
\begin{cases}
A < \begin{matrix} B—C \\ C—B \end{matrix} \\
B < \begin{matrix} A—C \\ C—A \end{matrix} \\
C < \begin{matrix} A—B \\ B—A \end{matrix}
\end{cases}
$$

第二十三图

仔细观察第二十三图第一位，无论是A、B、C、D四个当中的哪一个，A，或B，或C，或D，第二位都有三个排法，所以第一、第二位合在一起共有的排法是：

4×3

而第二位无论是A、B、C、D中的哪一个，第三位都有两个排法，所以一、二、三、四个位置连在一起算，总共的排法是：

$4 \times 3 \times 2$

至于第四位, 跟着第三位已经定了, 只有一个方法, 因此第四个位置总共的排法是:

$4 \times 3 \times 2 \times 1 = 24$

我们由图上去看, 恰好总共是二十四排。

假如桌上有五个位置, 外面有五个钱呢? 那么第一个位置照前面说过的有5种排法, 第一位排定以后, 下面剩四个位置和四个钱, 它们的排法便和前面说过的一样了, 所以五个位置的钱的排法是:

$5 \times 4 \times 3 \times 2 \times 1 = 120$

前面是从1起连续的整数相乘一直乘到4, 这里是从1起乘到5。假如有六个位置和六个钱, 同样我们很容易知道是从1起将连续的整数相乘乘到6为止, 就是:

$6 \times 5 \times 4 \times 3 \times 2 \times 1 = 720$

譬如有八个人坐在一张八仙桌上吃饭, 那么他们的坐法便有40320种, 因为:

$8 \times 7 \times 6 \times 5 \times 4 \times 3 \times 2 \times 1 = 40320$

你家请客常常碰到客人推让座位吗? 真叫他们推来推去, 要让完这40320种排法, 从天亮到天黑也让不完呢。

一般的法则, 假设位置是 n 个, 钱也是 n 个, 它们的排法便是:

$$n \times (n-1) \times (n-2) \cdots\cdots \times 5 \times 4 \times 3 \times 2 \times 1$$

这样写起来太不方便了, 不是吗? 在数学上, 对于这种从1起到 n 为止的 n 个连续整数相乘的把戏, 给它起一个名字叫 " n 的阶乘", 又用一个符号来代表它, 就是 $n!$, 用式子写出来便是:

$$n \text{ 的阶乘} = n! = n \times (n-1) \times (n-2) \cdots\cdots \times 5 \times 4 \times 3 \times 2 \times 1$$

所以　　8 的阶乘 $= 8! = 8 \times 7 \times 6 \times 5 \times 4 \times 3 \times 2 \times 1 = 40320$

$$6 \text{ 的阶乘} = 6! = 6 \times 5 \times 4 \times 3 \times 2 \times 1 = 720$$

$$5 \text{ 的阶乘} = 5! = 5 \times 4 \times 3 \times 2 \times 1 = 120$$

$$4 \text{ 的阶乘} = 4! = 4 \times 3 \times 2 \times 1 = 24$$

$$3 \text{ 的阶乘} = 3! = 3 \times 2 \times 1 = 6$$

$$2 \text{ 的阶乘} = 2! = 2 \times 1 = 2$$

$$1 \text{ 的阶乘} = 1! = 1$$

有了这个新的名词和新的符号,说起来就便当了!

"n 个东西全体不重复的排列就等于 n 的阶乘 $n!$。"

但在平常我们排列东西的时候,往往遇见位置少而东西多的情形。举个例说,譬如你有一位朋友,他运道来了,居然奉国民政府的命令去当什么县的县长。这时你跑去向他贺喜,这自然是值得贺的,不是吗?已升官就可发财了!但是当你看到他时,一眼就可以看出来,他的脸孔上直一条、横一条的喜纹当中也夹着正一条、歪一条的愁纹。你若问他愁什么,他定会告诉你,一个衙门里不过三个科长、六个科员、两个书记,荐人来的便签倒有三四十张,这实在难于安排。

真的,朋友,莫怪你的朋友难于安排,他想不得罪人简直不行!就算他只接到三十张荐人的便签,就算他的衙门里从科长数到洗马桶的总共要用三十个人,但是人全是两道眉毛横在两只眼睛上的,哪个会看得见自己的眉毛的粗细,哪个不想当第一科科长!倘使你的朋友请你替他安排,你左排也不是,右排仍然不是,你也只得在脸上挂起愁纹来了。三十个人排来排去有多少?我没有这样的闲工夫去算,你只要想,单是八的阶乘就已有40320了,那三十的阶乘将是多么大的一个数!

笔一滑,又说了一段空话,转到正文吧。

譬如你那朋友接到的便签当中只有十张是要当科长的,科长的位置总共是三个,有多少种排法呢?这就归到第二种的顺列法。

第二，我们来讲几个东西部分的、不重复的顺列法。因为粥少僧多，所以只有一部分人的便签有效。因为国民政府的命令兼差不兼薪，没有哪个人这般傻气，吃一个人的饭肯做两个人的事，所以排起来不重复。

从十张便签中抽出三个来，分担第一、第二、第三科的科长，这有多少法子呢？

朋友，你对于第一个法子若是真明白了，这一个是很容易的。

第一科长没有定人时，十张便签都有同样的希望，所以这个位置的排法是10。

第一科长已被什么人得去了，只剩九个人来抢第二科的科长，所以第二个位置的排法是9。同一个道理第三个位置的排法是8，照第一种方法推来，这三个位置的排法总共应当是：

$10 \times 9 \times 8 = 720$

若是你的朋友接到的便签间，想当科长的是十一个或九个，那么其排法就应当是：

$11 \times 10 \times 9 = 990$

或 $9 \times 8 \times 7 = 504$

若是他的衙门里还有一个额外科长，总共有四个位置，那么他的安排应当是：

$10 \times 9 \times 8 \times 7 = 5040$

$11 \times 10 \times 9 \times 8 = 7920$

或 $9 \times 8 \times 7 \times 6 = 3024$

我们仍然用 n 代表东西的数目（在数学上算数的时候，朋友，你不必生气，人也只是一种东西，倒无关于他有没有当科长的福分），不过位置的数目既然和东西的不同，所以得另用一个字母来代表，譬如用 m，我们的题目变成了这样：

"在 n 个东西里面取出 m 个来的排法。"

照前面的推论法，m 个位置，n 个东西，第一位的排法是 n；第二个位置的排法，东西已少了一个，所以只有 $n-1$；第三个位置，东西又少了一个，所以只有 $n-2$ 个排法……照推下去，直到第 m 个位置，它的前面有 $m-1$ 个位置，而每一个位置都拉了一个人去，所以被拉去的共有 $m-1$ 个人，就总人数说，这时已少了 $m-1$ 个，只剩 $n-(m-1)$ 个了，所以这个位置的排法是 $n-(m-1)$。

这样一来，总共的排法便是：

$$n \times (n-1) \times (n-2) \times (n-3) \cdots\cdots \times [n-(m-1)]$$

比如 n 是11，m 是4，代进去就得：

$$11 \times (11-1) \times (11-2) \times (11-3) = 11 \times 10 \times 9 \times 8 = 7920$$

在实际上只要从 n 写起，往下总共连着写 m 个就行了。

这种排法也有一个符号，就是 ${}_nP_m$。P 左边的 n 表示总共的个数，P 右边的 m 表示取出来排的个数，所以如在26个字母当中取出5个来排，它的方法总共就是 ${}_{26}P_5$。

将上面的计算用这符号连起来，就得出下面的关系：

$$ {}_nP_m = n \times (n-1) \times (n-2) \cdots\cdots \times [n-(m-1)] \quad (1)$$

这里有一件很有趣味的事，譬如我们将前面说过的第一种排法也用这里的符号来表示，那就成为 ${}_nP_n$，所以：

$$ {}_nP_n = n! \qquad\qquad (2)$$

在 n 个东西当中去了 m 个，剩的还有 $n-m$ 个，这 $n-m$ 个若自己掉来掉去地排，它的数目就应当是：

$$ {}_{n-m}P_{n-m} = (n-m)! \qquad\qquad (3)$$

朋友，我问你，用 $(n-m)!$ 去除 $n!$ 得什么？

如果你们想不出,我就将它们写出来:

$$\frac{n!}{(n-m)!} = \frac{n(n-1)(n-2)\cdots\cdots[(n-m+1)](n-m)\cdots\cdots 3\cdot 2\cdot 1}{(n-m)\qquad 3\cdot 2\cdot 1}$$

从这个式子一看分子和分母将公因数消去后,恰好得:

$$\frac{n!}{(n-m)!} = n(n-1)(n-2)\cdots\cdots[n-(m+1)]$$

这式子的右边和(1)式的完全一样,所以:

$$_nP_m = n(n-1)(n-2)\cdots\cdots[n-(m+1)] = \frac{n!}{(n-m)!} = \frac{_nP_n}{_{n-m}P_{n-m}}$$

这个式子很有意思,我们可以这样想:从 n 个当中取出 m 个来排,和将 n 个全排好,从第 $m+1$ 个起截断一样,因为 $_nP_n$ 是 n 个的排列, $_{n-m}P_{n-m}$ 是 m 个以后所余的东西的排列。

举个例来说,5个字母取出3个来的排法是 $_5P_3$,而 $5-3=2$,

$$_5P_3 = \frac{_5P_5}{_2P_2} = \frac{5!}{2!} = 5\times 4\times 3 = 60$$

关于这两种顺列法的计算,基本原理就是这样。但应用起来却不容易,因为许多题目往往包含着一些特殊条件,它们所能排成功的数目就会减少。譬如八个人坐的是圆桌,大家预先又没有说明什么叫首座,这比他们坐八仙桌的变化就少得多。又譬如在八个人当中有两个是夫妻,非挨着坐不可,或是有两个是生冤家死对头,不能坐在一起,或是有一个人是左手拿筷子的,若坐在别人的右边不免要和别人的筷子冲突起来。这些条件是数不尽的,只要有一个存在,排列的数目就得减少。朋友,你要想详细知道,我只好劝你去读教科书或去请教你的教师,这里却不谈了。

呵!你也许不免要急得跳起来了吧?说了半天,和"八仙过海"有什么关系呢?这是应当赶快解决的,不错。但还得请你忍耐一下,单是这样,这架子还不够,不能好好地将"八仙过海"这一类的玩意儿往上摆。我们得另说一种别的排列法。

前面的两种都是不重复的，但"八仙过海"每一个钱的三次位置不是上就是下，所以总得重复，这种排列法究竟和前面所说过的两种有点儿大同小异，就算它是第一种吧。

第三种是 n 种东西 m 次数可重复的顺列。就用"八仙过海"来作例，排来排去，不是上便是下，所以就算有两种东西，我们无妨用 a、b 来代表它们。

$$1 \qquad 2$$

$$a < {a \atop b}$$

$$b < {a \atop b}$$

第二十四图

首先说两次的排法，就和第二十四图一样。第一个位置因为我们只有 a、b 两种不同的东西，所以只好有2种排法。

但是在这里，因为 a 和 b 都可重用的缘故，就是第一个位置被 a 占了，它还是可以有2个排法；同样地，它被 b 占了也仍然有2个排法。因此总共的排法应当是：

$$2 \times 2 = 2^2 = 4$$

$$1 \quad 2 \quad 3$$

$$a \left\{ \begin{array}{l} a < \begin{array}{l} a \\ b \end{array} \\ b < \begin{array}{l} a \\ b \end{array} \end{array} \right.$$

$$b \left\{ \begin{array}{l} a < \begin{array}{l} a \\ b \end{array} \\ b < \begin{array}{l} a \\ b \end{array} \end{array} \right.$$

第二十五图

譬如像"八仙过海"一般，排的是3次呢，照这里的话说，就是有三个位子可排，那么就如第二十五图的样，全体的排法是：

$$2 \times 2 \times 2 = 2^3 = 8$$

这不就说明了"八仙过海"，分上下两排，总共排三次，位置不同的变化是8吗？

$$a \left\{ \begin{array}{l} a \left\{ \begin{array}{l} a \\ b \\ c \end{array} \right. \\ b \left\{ \begin{array}{l} a \\ b \\ c \end{array} \right. \\ c \left\{ \begin{array}{l} a \\ b \\ c \end{array} \right. \end{array} \right. \qquad b \left\{ \begin{array}{l} a \left\{ \begin{array}{l} a \\ b \\ c \end{array} \right. \\ b \left\{ \begin{array}{l} a \\ b \\ c \end{array} \right. \\ c \left\{ \begin{array}{l} a \\ b \\ c \end{array} \right. \end{array} \right. \qquad c \left\{ \begin{array}{l} a \left\{ \begin{array}{l} a \\ b \\ c \end{array} \right. \\ b \left\{ \begin{array}{l} a \\ b \\ c \end{array} \right. \\ c \left\{ \begin{array}{l} a \\ b \\ c \end{array} \right. \end{array} \right.$$

第二十六图

我们前面曾经说过分三排只排三次的例子,用 a, b, c 代表上、中、下,说明是一样的,暂且省略。就第二十六图看,可以知道排列的总方法是:

$$3 \times 3 \times 3 = 3^3 = 27$$

这个数目和我们前面所用的钱恰好一样。

照同样的例子,分一、二、三、四,四排只排三次的数目是:

$$4 \times 4 \times 4 = 4^3 = 64$$

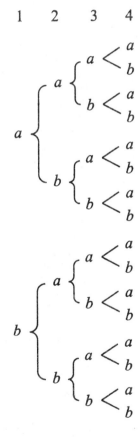

第二十七图

前面还说过排数不变、次数变的例子。两排只排三次，已说过了。两排排四次呢，那就如第二十七图，总共能排的数目应当是：

$$2 \times 2 \times 2 \times 2 = 2^4 = 16$$

若排的是三排，总共排四次，照同样的道理，它的总数是：

$$3 \times 3 \times 3 \times 3 = 3^4 = 81$$

以前所举出的例子都可照样推算出来。将这几个式子在一起比较，乘数是跟着排数变的，乘的次数，就是指数，是跟着排的次数变的，所以若排数是 a，排的次数是 x，钱数是 y，那么，

$$y = a^x$$

用一般的话来说，就是这样：

"n 种东西，m 次数可重复的顺列，便是 n 的 m 次乘方，n^m。"

所谓"八仙过海"，现在可算明白了，不过是顺列法中的一种游戏，有什么奇妙呢？你只要记好 y 等于 a 的 x 乘方这个式子，你想分几排，排几次，心里一算就可知道，应当请几位神仙下凡。你再照前面所说过的（4）（5）两个步骤去做，神仙的道法虽高，如来佛的手心却可伸缩，岂知孙悟空的筋斗云无用呢？

8 棕榄谜

一

　　在本年七月十三日的《申报本埠增刊》里载着一幅很大的广告，是美商上海棕榄公司的，现在择要抄在后面。

　　游戏规则：

　　一、一切规则均参照雀牌，棕榄香皂四字代替东南西北；珂路骱三字代替中發白；棕榄香皂、丝带牌牙膏及棕榄皂珠的三种图形则代替筒、条、万。

　　二、按照雀牌规则，由本公司总经理及华经理马伯乐先生在下图五十六只中，捡出十四只排定和牌一副，送至上海银行封存在第三四一零号保管箱中，至开奖时请公证人启视，以表郑重。

　　三、参加游戏者只可在下图五十六只中捡出十四只排成和牌一副，如与本公司所排定的和牌完全相同，则赠送无线电收机音一台。

　　四、本公司备同款收音机十台，作为赠品，仅以十座为限。如猜中者超过十人，则再用抽签法决定……

　　五、参加游戏需附寄大号棕榄香皂绿包纸及黑纸带各一，空函无效。每人最多只能猜四次，每猜一次均需纸、带各一。

有几位朋友和我谈起这"棕榄谜"的时候，他们随口就问："从这五十六只中选出十四只排定和牌一副，究竟有多少种排法？"这本来只是数学上的一个计算问题，但要回答这一个确数，却不容易。倘若读者先想定一个答数，读完这篇文章后再来比较，我相信大多数的人都会吃惊不已的。

初学数学的人常常会提出这样的问题："一个题目到手，应当怎样入手呢？"因为他们见到别人解答题目好像不费什么力，便觉得这里面一定有什么秘诀。其实科学中无所谓秘诀，要解答题目，只有依照一定的程序去思索。思考力经过训练后，这程序能够应用得比较纯熟，就容易使别人感到神妙了。学问本是严正的东西，并非变戏法，哪儿有什么神奇、奥妙？

本文目的：一是说明数学中叫作组合（Combination）的这一种法则；二是说明思索数学题目的基本态度。平常我们在数学教科书中所遇到的问题都是编者安排好了的，要解答总有一定的法则可以应用，思索起来也比较简单。这里所用的这个题目既不是谁预先安排的，用来说明思索的态度比较周到些。不过头绪繁复，大家得耐着性子，死书以外的题目没有不繁复的呀。

二

一个题目到手，在思索怎样解答以前，必须对它有明确的认识：这题目中所含的意义是什么？已知的事项是什么？所要求出的事项是什么？这些都得辨别清楚，这是第一步。常常见到有些性急的朋友，题目还只看到一半，便动起手来，这自然不会做对。假如我的经验可靠，那么不但要先认清题目，而且还需将它记住，才去想。对题思索，在思索的进展上往往会生出许多纷扰。

认清题目以后，还有一步工作也省不来，那就是问一问"这题目是可能的吗"？数学上的题目，有些是表面上看起来非常容易，而一经着手便束手无策的。初等几何中的"三等分任意角"，代数中的"五次方程式——其实是五次以上的——一般的解法"，这些最后都归到不可能的领域中了。

所谓题目的不可能，一种是主观的能力，一种是客观的条件。只学过算术的人，三减五是不可能，这是第一种。三等分任意角，这是第二种。因为初等几何的作图，只许用没有刻度的尺和圆规两种器械。此外还有一种不可能，便是题目所给的条件不合或缺少，比如"鸡兔同笼共三十个头，五十只脚，求各有几只"，这是条件不合，因为三十只全是鸡也得有六十只脚。至于条件缺少，当然是不可能的。有一次我和孩子背九九乘法表，自然他对我只有惊异，但是他很顽皮，居然要制服我，忽然这样问道："你会算，一间房子有几片瓦吗？"这我当然回答不上来，这是条件不够。我只能够在知道一间房子有几行瓦，每行有几片的时候算它的总数。

判定一个题目是否可能，照这里所说的看来，是解题以前的工作。但有些题目要判定它的不可能，而且还要给出一个不可能的理由来，不一定比解答题目容易，即如"三等分任意角"这一类就是经过不少的人研究才判定的。所以这里所说的只限于比较容易判定的范围，在这个范围内，能够判定所遇到的题目是否可能——主观的或客观的——对于学数学的人来说与解答问题一样重要。自然对于好的——编制和印刷上——教科书，我们可以相信那里面的题目总是可能的，遇到题目就向积极方面去思索，但这并不是正当的途径。

三

所遇到的题目，经过一番审度已是可能的了，自然就是思索解答的方法。这种思索有没有一定的途径可循呢？因为题目的不同，要找一条通路，那是不可能的，不过基本的态度却可以说一说。用这样的态度去思索题目的解法，虽不能说可以迎刃而解，但至少不至于走错路。若是经过了训练，还能够不至于多绕不必要的弯儿。

解答一个题目，需要的能力有两种：一是对于那题目所包含的一些事实的认识；一是对于解答那题目所需的数学上的法则的理解。例如关于鸡兔同笼的题目，鸡和兔每只都只有一个头，鸡是两只脚，兔是四只脚，这是题目上不曾说出而包含着的事实。倘若对于这些事实认识不充足，对于这类的题目便休想动手。至于解这个题目要用到乘法、减法、除法，若对于这些法则的根本意义不曾理解，那也是束手无策的。

现在我们转到"棕榄谜"上去。然而先得说明，我们要研究的是究竟有多少猜法，而不是怎样可猜中——照数学上说来，差不多是猜不中的，即使有人猜中，那只是偶然的幸运。

我们要解答的题目是：

在所绘的五十六张牌中，照雀牌规则捡出十四只来排成和牌一副，有多少种捡法？

这题目的解答就客观的条件说当然是可能的，因为从五十六张牌中捡出十四只的方法有多少种，可以用法则计算。在这些中，只要减去照"雀牌规则"排不成和牌的数目就行了。客观的条件既然是可能的，那么，我们就尽量使用我们的能力吧。

解答这个题目我们首先需要知道的是些什么呢?

从事实上说，应当知道依照雀牌的规则，怎样叫作一副和牌。

从算理上说，应当知道从若干东西中取出多少来的方法，应当怎样计算。

四

我相信所谓雀牌，读者当中十分之九是认识的，所以这里不来说明了。至于怎样玩法，知道的也许没有这般普遍，但这里不是编雀牌讲义，也用不到说。只有所谓的一副和牌非说明不可。

十四张牌，若可凑成四组三张的和一组两张的，这便是和了。为什么说凑成呢?因为并不是随便三张或两张都有成为一组的资格。照雀牌规则，三张成一组的只有两种:一是完全相同的;二是花色——如所谓筒、条、万——相同而连续的，如一、二、三筒;二、三、四条;三、四、五万等。至于两张成一组的那只有对子才能算数。

以所绘的五十六张为例，那么"棕棕棕，榄榄榄，香香香，皂皂皂，珂珂"便是一副和牌，而图中的十二只香皂再任意配上别的一对也是一副和牌，因为十二只香皂恰好可排成"一一一，二三四，五六七，七八九"四组。

五

从若干件东西中取多少件的方法，应当怎样计算呢?比如你约了九个朋友，总共十个人，组织一个数学研究会，要选两个人做干事，这有多少方法呢?

假如你已看过从前中学生的《数学讲话》，还能记起所讲过的排列法，那么这便容易了。假设两个干事还分正、副，那么这只是从十件东西中取出两件的排列法，它的总数是：

$$_{10}P_2 = 10 \times 9 = 90$$

但是前面并没有说过分正、副，所以在这九十种中，王老三当正干事，李老二当副干事，与李老二当正干事，王老五当副干事，在本题只能算一种。因此从十个人当中推两个出来当干事，实际的方法只是：

$$_{10}P_2 \div 2 = 90 \div 2 = 45$$

同样地，假如你要在A、B、C、D……二十六个字母中，取出两个来做什么符号，若所取的次序也有关系，AB和BA以及BC和CB……两两不相同，则你的取法共是：

$$_{26}P_2 = 26 \times 25 = 650$$

若所取的次序没有关系，AB和BA以及BC和CB……就两两相同，只能算成一种，则取法共是：

$$_{26}P_2 \div 2 = 650 \div 2 = 325$$

由此可以推到一般的情形去，从 n 件东西里取出两个来的方法，不管它们的顺序，则总共的取法是：

$$_nP_2 \div 2 = \frac{n(n-1)}{2}$$

到了这一步，我们的讨论还没完，因为所取的东西都只有两件，若是三件怎样呢？在你组织的数学研究会中，若是举的干事是三人，总共有多少选举法呢？

假定这三个干事的职务不同，比如说一个是记录，一个是会计，一个是庶务，那么推选的方法便是从十个当中取出三个的排列，而总数是：

$$_{10}P_3 = 10 \times 9 \times 8 = 720$$

但若不管职务的差别，则张、王、李三个人被选出来后，无论他们对于三种职务怎样分担都是一样的，只好算是一种选举法。因此我们应当用三个人三种职务分担法的数目去除前面所得的720，而三个人三种职务的分担法总共是：

$$_3P_3 = 3 \times 2 \times 1 = 6$$

所以从十个人中选出三个干事的方法共是：

$$_{10}P_3 \div _3P_3 = \frac{10 \times 9 \times 8}{3 \times 2 \times 1} = 120$$

同样地，若从A、B、C、D……二十六个字母中取出三个，不管它们的顺序，则总数是：

$$_{26}P_3 \div _3P_3 = \frac{26 \times 25 \times 24}{3 \times 2 \times 1} = 2600$$

因为在 $_{26}P_3$ 的各种排列中，每三个字母相同只有顺序不同的（如ABC，ACB，BAC，BCA，CAB，CBA）只能算成一种，就是 $_3P_3$ 当中的各种只算成一种。

从这里我们可以看出来，前面计算取两个的例子，我们用2作除数，在算理上应当是：

$$_2P_2 = 2 \times 1 = 2$$

于是我们可以得出一般的公式来，从 n 件东西中，取出 m 件的方法应当1是：

$$_nP_m \div {}_mP_m = \frac{n(n-1)(n-2)\cdots\cdots(n-m+1)}{m(m-1)(m-2)\cdots\cdots 2\cdot 1}$$

$$= \frac{n(n-1)(n-2)\cdots\cdots(n-m+1)}{m!} \qquad (1)$$

若用 $_nC_m$ 来代替"从 n 件东西中取 m 件"的总数,则

$$_nC_m = \frac{n(n-1)(n-2)\cdots\cdots(n-m+1)}{m!} \qquad (1')$$

这个公式便是一般的计算组合的式子,为了便当一些,还可以将它的形式变更一下;

因为: $\dfrac{n(n-1)\cdots\cdots(n-m+1)}{m!}$

$$= \frac{[n(n-1)\cdots(n-m+1)][(n-m)(n-m-1)\cdots 1]}{m![(n-m)(n-m-1)\cdots 1]} = \frac{n!}{m!(n-m)!}$$

所以: $_nC_m = \dfrac{n!}{m!(n-m)!} \qquad (2)$

举个例说,若在十八个球员中选十一个出来和别人比赛,推举的方法总共便是:

$$_{18}C_{11} = \frac{18\cdot17\cdot16\cdot15\cdot14\cdot13\cdot12\cdot11\cdot10\cdot9\cdot8}{11\cdot10\cdot9\cdot8\cdot7\cdot6\cdot5\cdot4\cdot3\cdot2\cdot1} = 31824$$

这是依照了公式(1)计算的,实际我们由公式(2)计算更简捷些,

因为: $_nC_m = \dfrac{n!}{m!(n-m)!} = \dfrac{n!}{(n-m)!m!} = \dfrac{n!}{(n-m)!(n-\overline{n-m})!} = {}_nC_{(n-m)}$

所以: $_{18}C_{11} = {}_{18}C_{18-11} = {}_{18}C_7 = \dfrac{18\cdot17\cdot16\cdot15\cdot14\cdot13\cdot12}{7\cdot5\cdot4\cdot3\cdot2\cdot1} = 31824$

$_nC_m = {}_nC_{(n-m)}$ 这个性质,从实际推想出来的,非常有趣味。前面是说

从 n 件里面取出 m 件, 后面是说从 n 件里面取出 $(n-m)$ 件, 这两样的数目当然是一样的。你若要追问怎样说是 "当然", 那么, 你可以这样想: 比如一只口袋里面装有 n 件小玩意儿, 你从口袋里摸出 m 件, 那里面所剩的便是 $(n-m)$ 件。你的摸法不同, 口袋里的剩法也不同。你有若干种摸法, 口袋里便跟着有若干种剩法。摸法和剩法完全是就你自己的地位说的, 就东西说, 不过分成两组, 一在口袋外, 一在口袋里罢了。那么, 取和舍的方法相同不是当然的吗?

组合的基本计算不过这么一回事, 但这里有一点应当注意, 上面所说的 n 件东西是完全不相同的, 若其中有些相同, 计算起来便有些不一样了。关于这一层疑惑, 读者倘若还要知道得更详细些, 最好自己去想一想, 不然请看教科书去吧。归到棕榄谜上去, 假如五十六张全不相同, 那么捡出十四张的方法便是:

$$_{56}C_{14} = 5,8047,3196,3800$$

<h1 style="text-align:center">六</h1>

照理论说, 既然已经知道从五十六张全不相同的牌中取出十四张的方法的数目, 进一步将相同而重复的数目以及不成一副和牌的数目减去, 便得所求的答案了。然而说起来容易, 做起来却不简单。实际上要计算不成一副和牌的数目, 比另起炉灶来计算能成一副和牌的数目更繁杂。我们另走一条路吧!

照雀牌的规则仔细想一想, 每一张牌要在一副和牌中能占一个位置, 都必得和别的牌联络, 六亲无靠只有被淘汰。因此, 我们研究和牌的形式不必从每一张上去着想, 而可改换途径用每一组做单元。

那么, 所绘的五十六张牌中, 三张或两张一组, 能够有多少组是有资格加入到和牌里去呢?

要回答这个问题,我们先将所有的材料来整理一下,五十六张中,就花色说,数目的分配是这样的:

(1)字:

棕3榄3香3皂3珂3路3瓣4

(2)花色:

数别\类别	一	二	三	四	五	六	七	八	九
香皂	3	1	1	1	1	1	2	1	1
牙膏	1	1	1	1	1	1	1	1	3
皂珠	3	1	1	1	1	1	1	1	1

这些材料参照雀牌规则可以组成三张组和二张组的数目如下:

(1)字:

　　(a)三同色组:棕、榄、香、皂、珂、路、瓣各1组,共7组

　　(b)三连续组:无

　　(c)对子组:棕、榄、香、皂、珂、路、瓣各1组,共7组

(2)花色:

	香皂	牙膏	皂珠
(a)三同色组	1组	1组	1组
(b)三连续组	7组	7组	7组
(c)对子组	2组	1组	1组

各组数目的计算,三同色组和对子组是已有的材料一望就可知道的,只有三连续组,就是从1,2,3,4,5,6,7,8,9九个自然数中取三个连续的方法。关于这一种数目的计算和前面所说的一般的组合法显然不同。这有没有一定的公式呢?直截了当地回答"有"。

设若有 n 个连续的自然数，要取2个相连续的，那么取的方法总共就是：

$$n - \overline{2-1} = n - 2 + 1 = n - 1$$

因为从第一个起，将第二个和它相连得一种，接着我们将三个去换第一个又得一种，再将第四个去换第二个又得一种，依次下去，最后是将第 n 个去换第 $(n-2)$ 个。所以 n 个中除去第一个外，共有 $(n-1)$ 个都可和它们前面一个相连成一种，因而总共的方法便是 $(n-1)$ 种。为什么上面的式子一开始我们要写成 $n - \overline{2-1}$ 呢？因为每组要两个，全数中就有一个是没有前面的数供它连上去的。

由此可以知道，在 n 个连续的自然数中，要取3个连续数的方法共是：

$$n - \overline{3-1} = n - 3 + 1 = n - 2$$

因为是3个一组，所以最前面便有 $(3-1)$ 个没有前面的数供它们连上去。

由这个公式，9个连续的自然数中，要取3个连续数的方法便是：

$$9 - \overline{3-1} = 9 - 2 = 7$$

上面的公式推到一般去，就是从 n 个连续的自然数中取 m 个连续数的方法，总共是：

$$n - \overline{m-1} = n - m + 1$$

七

照前面计算的结果，三张组总共是31组，对子组总共是11组，而一副牌所包含的是四个三张组和一个对子组。我们很容易想到只要从31组三张组中取出4组，再从11组对子组中取出1组，两相配合，便成一副和牌。而三张组的取法共是 $_{31}C_4$，对子组的取法共是 $_{11}C_1$。因为两种取法中的任何一种都可以同其他一种中的任何一种配合，所以总数便是：

$$_{31}C_4 \times _{11}C_1 = \frac{31 \cdot 30 \cdot 29 \cdot 28}{4 \cdot 3 \cdot 2 \cdot 1} \times \frac{11}{1} = 34,6115$$

然而这个数目太大了，因为这些配合法就所绘的材料来说有些是不可能的。从31组三张组中取4组的总数是 $_{31}C_4$，但因为材料的限制，实际上并不能这么自由。比如取了香皂的三同色组，则它的三连续组中的"一二三"这一组就没有了；若取了三连续组中的"一二三"这一组，则"二三四"和"三四五"这两组也没有了。还有将对子配上去，也不是尽如人意的事，既取了某一种的三同色组，则那一色的对子组便没有了；又如取了香皂的"五六七"或"六七八"或"七八九"，则香皂"七"的对子组也就没有了。

从上面所得的346115种中减去这些不可能的数，那么便是我们所要求的了。然而要找这个减数，依然很繁杂。

还有别的方法吗？

八

为了避去不可能的取法，我们试就各种花色分开来取，然后再相配成四组。

（1）字：这类的三张组总共是7组，所以取一组、二组、三组、四组的方法相应地是：

$$_7C_1 = \frac{7}{1} = 7 \qquad\qquad _7C_2 = \frac{7 \cdot 6}{2 \cdot 1} = 21$$

$$_7C_3 = \frac{7\cdot6\cdot5}{3\cdot2\cdot1} = 35 \qquad\qquad _7C_4 = _7C_3 = 35$$

(2) 花色:

		香 皂	牙 膏	皂 珠
一组	含三同色的	1	1	1
	不含的	7	7	7
二组	含三同色的	6	6	6
	不含的	11	10	10
三组	含三同色的	7	6	6
	不含的	3	1	1
四组	含三同色的	1	0	0
	不含的	0	0	0

这个表中只取一组的数目是用不到计算就可知道的,取二组的数目两项的计算法如下:

(a) 含三同色组的: 本来一种花色只有一组三同色组,所以只需从三连续组中任取一组同它配合便可以了。不过7组当中有一组是含一 (香皂和皂珠) 或九 (牙膏) 的,因为一或九已用在三同色组中,不能再有。因此只能在6组中取出来配合,而得 $1 \times _6C_1 = 6$

(b) 不含三同色组的:

就香皂说,分别计算如下:

(Ⅰ) 含 "一二三" 组的: 这只能从四,五,六,七,八,九,六个连续的自然数中任取一个三连续组同它配合，依前面的公式得 $6-3+1=4$。

（II）含"二三四"组的：照同样的理由共 $5-3+1=3$。

（III）含"三四五"组的： $4-3+1=2$。

（IV）含"四五六"组的：和（I）中相同的不算，共是 $3-3+1=1$。

（V）含"五六七"组的：和上面相同的不算，只有"七八九"一组和它相配，所以也是1。

五项合计就得 $4+3+2+1+1=11$。

但就牙膏和皂珠说，（V）这一组是没有的，因此只有10组。

取三组的计算法，根据取二组的数目便可得出：

（a）含三同色组的：就香皂说，取（II）到（V）各组中的任一组和三同色组配合便是，所以总数是7。在牙膏或皂珠中因为缺少（V）这一项，所以总数只有6。

（b）不含三同色组的：就香皂说，可分为几项，如下：

（I）含"一二三"组的：只有前面的（IV）和（V）中各组相配合，所以总数是2。

（II）含"二三四"组的：只有前面的（V）可配合，所以总数是1。

两项合计便是3。

但就牙膏或皂珠说，都只有"一二三""四五六""七八九"1种。

至于四组的取法，这很容易明白，用不到计算了。

九

依照雀牌的规则，一副和牌含有四组三张组，我们现在的问题便成了就前面所列的各种组别来相配。为了便于研究，用含有字组的多少来分类，这比较容易明白。

（1）四组字的

这一种很容易明白就是：$_7C_4 = 35$

（2）三组字的

三组字的取法共是 $_7C_3$，将每种和花色中的任一组相配就成了四组，而花色中共是24组，所以这种的总数是：$_7C_3 \times _{24}C_1 = 35 \times 24 = 840$

（3）二组字的

二组字的取法共是 $_7C_2$，将花色组和它配成四组，这有两种办法：

（a）两组花色相同的（同是香皂或牙膏或皂珠）：只需在二组花色的取法中，任用一种相配合。而两组花色相同的取法共是 $6 + 11 + 6 + 10 + 6 + 10 = 49$，所以配合的总数是：

$$_7C_2 \times _{49}C_1 = 21 \times 49 = 1029$$

（b）两组花色不同的：这就是说在香皂、牙膏、皂珠中，任从两种中各取一组和两组字相配合。第一步，从三种中任取二种的方法共是 $_3C_2$。而每一项取法中，各种取一组的方法都是 $_8C_1$，因此配成两组的方法是 $_8C_1 \times _8C_1$，由此便可知道总共的配搭法是：

$$_7C_2 \times _8C_1 \times _8C_1 \times _3C_2 = 21 \times 8 \times 8 \times 3 = 4032$$

（4）一组字的

一组字的取法共是 $_7C_1$，需将三组花色同它们配合，这便有三种配合法：

（a）三组花色相同的：三组花色相同的取法共是 $7 + 3 + 6 + 1 + 6 + 1 = 24$，在这24种中任取一组和任一组字配合的方法是：

$$_7C_1 \times _{24}C_1 = 7 \times 24 = 168$$

（b）两组花色相同的：若是从香皂中取两组，在牙膏或皂珠中取一组，配合的方法都是 $_{17}C_1 \times _8C_1$，所以共是 $_{17}C_1 \times _8C_1 \times 2$。但若从牙膏中取两组，而在香皂或皂珠中取一组，配合的方法都是 $_{16}C_1 \times _8C_1$，所以共是

$_{16}C_1 \times {}_8C_1 \times 2$。从皂珠中取两组的配法自然也是 $_{16}C_1 \times {}_8C_1 \times 2$，由此，这一类花色的取法共是：

$$_{17}C_1 \times {}_8C_1 \times 2 + {}_{16}C_1 \times {}_8C_1 \times 2 + {}_{16}C_1 \times {}_8C_1 \times 2$$
$$= ({}_{17}C_1 + {}_{16}C_1 + {}_{16}C_1) \times {}_8C_1 \times 2 = {}_{49}C_1 \times {}_8C_1 \times 2$$

将这中间的任一种和任一组字配合就成为四组，而配合法共是：

$$_7C_1 \times {}_{49}C_1 \times {}_8C_1 \times 2 = 7 \times 49 \times 8 \times 2 = 5488$$

(c) 三组花色不同的：这只能从香皂、牙膏、皂珠中各取一组而配合成三组，所以配合法只有 $_8C_1 \times {}_8C_1 \times {}_8C_1$，再同一组字相配的方法是：

$$_7C_1 \times {}_8C_1 \times {}_8C_1 \times {}_8C_1 = 7 \times 8 \times 8 \times 8 = 3584$$

(5) 无字组的：这一种里面，我们又可依照含香皂组数的多少来研究。

(a) 四组香皂的：前面已经说过这只有1种。

(b) 三组香皂的：香皂的取法是10种，每一种都可以同一组牙膏或皂珠配合，而牙膏和皂珠取一组的方法是 $_{16}C_1$，所以总共的配合法是：

$$_{10}C_1 \times {}_{16}C_1 = 10 \times 16 = 160$$

(c) 两组香皂的：这有两种配合法：（Ⅰ）是同两组牙膏或皂珠相配；（Ⅱ）是牙膏和皂珠各一组相配。（Ⅰ）的配合法共是 $_{17}C_1 \times {}_{16}C_1 \times 2$。（Ⅱ）的配合法是 $_{17}C_1 \times {}_8C_1 \times {}_8C_1$，所以总共是：

$$_{17}C_1 \times {}_{16}C_1 \times 2 + {}_{17}C_1 \times {}_8C_1 \times {}_8C_1 = 17 \times 16 \times 2 + 17 \times 8 \times 8 = 1632$$

(d) 一组香皂的：这也有两种配合法：（Ⅰ）同三组牙膏或皂珠相配；（Ⅱ）同两组牙膏、一组皂珠或一组牙膏、两组皂珠相配。（Ⅰ）的配合法是 $_8C_1 \times {}_7C_1 \times 2$。（Ⅱ）的配合法是 $_8C_1 \times {}_{16}C_1 \times {}_8C_1 \times 2$，所以总共是：

$$_8C_1 \times {}_7C_1 \times 2 + {}_8C_1 \times {}_{16}C_1 \times {}_8C_1 \times 2 = 8 \times 7 \times 2 + 8 \times 16 \times 8 \times 2 = 2160$$

(e) 没有香皂的：这有三种配合法：（Ⅰ）三组牙膏一组皂珠配合法是

$_7C_1 \times {}_8C_1$。（Ⅱ）两组牙膏两组皂珠，配合法是 $_{16}C_1 \times {}_{16}C_1$。（Ⅲ）一组牙膏三组皂珠，依同理配合法是 $_8C_1 \times {}_7C_1$，所以总共是：

$$_7C_1 \times {}_8C_1 + {}_{16}C_1 \times {}_{16}C_1 + {}_8C_1 \times {}_7C_1 = 56 + 256 + 56 = 368$$

到了这里我们可以算一笔四组配合法的总账，这不用说是一个小学生都会算的加法。虽然如此，还得写出来：

$$35+840+1029+4032+168+5488+3584+1+160+1632+2160+368=1,9497$$

到这里百尺竿头，只差一步了。在这19497种中各将一个对子配上去，便成了和牌。

十

就所有材料说，总共有11个对子，倘使材料可以自由使用，因为每一种四个三张组同在一对相配都成一副和牌，所以总数应当是：

$$1,9497 \times {}_{11}C_1 = 21,4467$$

然而这214467副牌中有些又是不可能的了。含着某一种三同色组的，那一色的对子便没有。而含有香皂"五六七""六七八""七八九"中的一组的，香皂七的对子也没有了。这么一想，配对子上去也不是一件简单的事呀。因为这个原因，计算配对子的方法还得像前面一样分别研究。字的变化比较少而且规则单纯，所以仍然以含字组的数目为标准来分类。

（1）四组字的

在这一种里面，因为用了四种字，所以每副只有3个字对子可配合，但4种花色对子却全可配上去。因此每种都有7个对子可配而成七副和牌，总共可成的和牌数便是：

$$_7C_4 \times 7 = 35 \times 7 = 245$$

（2）三组字的

这一种里面，因为用了三种字，所以字对子每副只有4个可配，而花色对子的配合法比较复杂，得另找一个头绪计算。单就配字对子的说，总数是：

$$_7C_3 \times {}_{24}C_1 \times 4 = 840 \times 4 = 3360$$

凡是含有香皂或牙膏或皂珠的三同色组的，那一种花色的对子便不能有，所以每副只有3个花对子可配合。而含三字组同着一组花色三同色组的，共是 $_7C_3 \times 3$，因此可成功的和牌数是：

$$_7C_3 \times 3 \times 3 = 35 \times 9 = 315$$

凡不含香皂、牙膏和皂珠的三同色组的，一般说来，每副都有4个花色对子可配；只有含香皂"五六七""六七八""七八九"三组中的一组的，少了一个香皂的对子七。花色的三连续组取一组的方法共是 $_{21}C_1$ 和字三组的配合法便是 $_7C_3 \times {}_{21}C_1$，将花色对子分别配上去的总数是 $_7C_3 \times {}_{21}C_1 \times 4$，而内中有 $_7C_3 \times {}_3C_1$ 种是含有香皂七的，少一对可配的对子，所以这一种能够配成和牌的数目是：

$$_7C_3 \times {}_{21}C_1 \times 4 - {}_7C_3 \times 3 = 35 \times 21 \times 4 - 35 \times 3 = 2835$$

（3）二组字的

这一种里面，依前面所说过的同一理由，每一副有5个字对子可配合，这样配成的和牌的数目是：

$$(_7C_2 \times {}_{49}C_1 + {}_7C_2 \times {}_8C_1 \times {}_8C_1 \times {}_3C_2) \times 5 = (1029 + 4032) \times 5 = 2,5305$$

对于花色对子的配合，因为所含花色的三只组的情形不同，可分成以下三项：

（a）含一组香皂或牙膏或皂珠的三同色组的，一般来说有3个花色对子可配，而三只组的配合法是：（Ⅰ）两组花色相同的 $_7C_2 \times {}_{18}C_1$。（Ⅱ）两组

花色不同的 $_7C_2 \times 1 \times _7C_1 \times _3C_2$，总共就是 $_7C_2 \times _{18}C_1 + _7C_2 \times 1 \times _7C_1 \times _3C_2$，将3个花色对配上去，共是：

$$(_7C_2 \times _{18}C_1 + _7C_2 \times 1 \times _7C_1 \times _3C_2) \times 3 = 2457$$

不过含有香皂七的，依然少一对可配合，应当从2457中将这个数减去。而它是 $_7C_2 \times _3C_1 \times _3C_1 = 189$，这里第一个 $_3C_1$ 是花色中三同色组取一组的方法。第二个 $_3C_1$ 是香皂中的"五六七""六七八""七八九"三个三连续组取一组的方法，所以这一项总共可成的和牌数是 $2457 - 189 = 2268$

（b）含两组香皂、牙膏、皂珠三同色组的，每副只有2个花色对子可配合，可成的和牌数是：$_7C_2 \times _3C_2 \times 2 = 126$

（c）不含香皂、牙膏、皂珠等三同色组的，一般来说有4个花色对子可配合，而总数是：

$$(_7C_2 \times _{31}C_1 + _7C_2 \times _7C_1 \times _7C_1 \times _3C_2) \times 4 = 1,4952$$

这里面自然也要减去没有香皂七的对子可配合的数。这种数目：（Ⅰ）就两组花色相同的说是 $_7C_2 \times 10 = 210$，因为在香皂中，不含三同色组的两组的取法虽有11种，而除了"一二三，四五六"一种外都是含有香皂七的；（Ⅱ）就两组花色不同的说是 $_7C_2 \times _3C_1 \times _7C_1 \times 2 = 882$，$_3C_1$ 是从香皂的"五六七""六七八""七八九"三组中取一组的方法，$_7C_1$ 是从牙膏或皂珠中取一组三连续的方法，而对于牙膏和皂珠的情形完全相同，因此用2去乘。总共应当减去的数是 $210 + 882 = 1092$，所以这种的和牌数是：$14952 - 1092 = 13860$

（4）一组字的

这一种里面，每一副都有6个字对子可以配合，这样配成的和牌总数是：

$$(_7C_1 \times _{24}C_1 + _7C_1 \times _{49}C_1 \times _8C_1 \times 2 + _7C_1 \times _8C_1 \times _8C_1 \times _8C_1) \times 6 = 5,5440$$

至于配搭花色对子，也需分别研究，共有四项：

（a）含一组香皂或牙膏或皂珠三同色组的，一般来说有3个花色对子可配合。而含一组花三同色组的取法，又可分为三项：（Ⅰ）三组花色同的，共有 $_7C_1 \times _{19}C_1$ 。（Ⅱ）两组花色相同的，共有 $_7C_1 \times _{18}C_1 \times _7C_1 \times 2 + _7C_1 \times _{31}C_1 \times 1 \times 2$ 。（Ⅲ）三组花色不同的，共有 $_7C_1 \times _3C_1 \times _7C_1 \times _7C_1$ ，因此，可以配成和牌的数目是：

$$(_7C_1 \times _{19}C_1 + _7C_1 \times _{18}C_1 \times _7C_1 \times 2 + _7C_1 \times _{31}C_1 \times 1 \times 2 + _7C_1 \times _3C_1 \times _7C_1 \times _7C_1) \times 3 = 10080$$

在（Ⅰ）中所有和香皂配合的，都没有香皂七的对子可配，这个数目是 $_7C_1 \times _7C_1$ ，在（Ⅱ）中含两组香皂的有 $_7C_1 \times _3C_1 \times _7C_1 \times 2 + _7C_1 \times _{10}C_1 \times 1 \times 2$ 种香皂七的对子不能配合，而含牙膏或皂珠两组的各有 $_7C_1 \times _6C_1 \times _3C_1$ 种不能和它配合，所以（Ⅱ）里应减去 $_7C_1 \times _3C_1 \times _7C_1 \times 2 + _7C_1 \times _{10}C_1 \times 1 \times 2 + _7C_1 \times _6C_1 \times _3C_1 \times 2$ 。在（Ⅲ）中含有牙膏或皂珠三同色组的各有 $_7C_1 \times _7C_1 \times _3C_1$ 种不能和它配合，因此应减去的数是 $_7C_1 \times _7C_1 \times _3C_1 \times 2$ ，而总共应当减去

$$_7C_1 \times _7C_1 + _7C_1 \times _3C_1 \times _7C_1 \times 2 + _7C_1 \times _{10}C_1 \times 1 \times 2 + _7C_1 \times _6C_1 \times _3C_1 \times 2 + _7C_1 \times _7C_1 \times _3C_1 \times 2 = 1029$$

因而这一项可成的和牌数是： $10080 - 1029 = 9051$

（b）含二组香皂、牙膏和皂珠三同色组的，一般来说只有2个花色对子可配合。这项当中，四组三张组的配合法，可以这样设想：由花色的三组三同色组取两组，而在各三连续组中取一组，前一种的取法是 $_3C_2$ ，后一种的取法是 $_{19}C_1$ 。因为三种花色中虽共有21组三连续组，但某两种花色既取了三同色组就各少去了一组三连续组，所以只有19组可用。合计起来总共的和牌配合法是 $_7C_1 \times _3C_2 \times _{19}C_1 \times 2 = 798$

这里面应当减去不能和香皂七对子相配合的数是 $_7C_1 \times _3C_2 \times _3C_1 = 63$

所以可成的和牌数是 $798 - 63 = 735$

（c）含三组香皂、牙膏和皂珠三同色组的，这只有香皂七的对子可配合。和牌的数是：

$$_7C_1 \times 1 = 7$$

（d）不含香皂、牙膏，以及皂珠的三同色组的，一般来说有4个花色对子可配合。这也可分成三项研究：（Ⅰ）三组花色相同的，共是 $_7C_1 \times _5C_1$。（Ⅱ）两组花色相同的，共是 $_7C_1 \times _{31}C_1 \times _7C_1 \times 2$。（Ⅲ）三组花色不同的，共是 $_7C_1 \times _7C_1 \times _7C_1 \times _7C_1$。因此同对子搭配起来总共是

$$(_7C_1 \times _5C_1 + _7C_1 \times _{31}C_1 \times _7C_1 \times 2 + _7C_1 \times _7C_1 \times _7C_1 \times _7C_1) \times 4 = 2{,}1896$$

所应当减去的：在（Ⅰ）中是 $_7C_1 \times _3C_1$，因为含三组香皂的，香皂七的对子都不能配合，而且也只有这些不能；在（Ⅱ）中含两组香皂的有 $_7C_1 \times _{10}C_1 \times _7C_1 \times 2$ 不能和它配合。含其他两组同花色的，各有 $_7C_1 \times _{10}C_1 \times _3C_1$ 种不能同它配合，共是 $_7C_1 \times _{10}C_1 \times _7C_1 \times 2 + _7C_1 \times _{10}C_1 \times _3C_1 \times 2$；在（Ⅲ）中共有 $_7C_1 \times _7C_1 \times _7C_1 \times _3C_1$ 不能和它配合，所以总共应当减去的数是：

$$_7C_1 \times _3C_1 + _7C_1 \times _{10}C_1 \times _7C_1 \times 2 + _7C_1 \times _{10}C_1 \times _3C_1 \times 2 + _7C_1 \times _7C_1 \times _7C_1 \times _3C_1 = 2450$$

而这一项中可成的和牌数是： $21896 - 2450 = 19446$

（5）无字组的

这一种里面，每副都有7个字对子可配合，这是极明显的，这里仍照前面的分项法研究下去：

（a）四组香皂的：7个字对子和2个花色对子（牙膏的和皂珠的）可配合，所以总共可成的和牌数是：

$$1 \times (7 + 2) = 9$$

（b）三组香皂的

（Ⅰ）字对子的配法是 $_{10}C_1 \times _8C_1 \times 2 \times 7 = 1120$

（Ⅱ）花色对子的配法，因为含有三组香皂，所以香皂七的对子都不能相配，若只含一组三同色组的，有2个花色对子可配，这样的数是 $(_7C_1 \times _7C_1 \times 2 + _3C_1 \times 1 \times 2) \times 2$。若含两组三同色组的只有1个花色对子可配

合,这样的数目是 $_7C_1 \times 1 \times 2 \times 1$,因此总共的和牌数是:

$$(_7C_1 \times {}_7C_1 \times 2 + {}_3C_1 \times 1 \times 2) \times 2 + {}_7C_1 \times 1 \times 2 \times 1 = 222$$

至于不含三同色组的,却有3个花色对子可配,而和牌总共的数目是:

$$_3C_1 \times {}_7C_1 \times 2 \times 3 = 126$$

合计起来这一项共是 $222 + 126 = 348$

(c)两组香皂的

(Ⅰ)字对子有7个可配,所以和牌的数目是:

$$(_{17}C_1 \times {}_{16}C_1 \times 2 + {}_{17}C_1 \times {}_8C_1 \times {}_8C_1) \times 7 = 11424$$

(Ⅱ)花色对子的配合还得再细细地分别研究。

(α)含有一组三同色组的,只有3个花色对子可配合,总数是:

$$(_6C_1 \times {}_{10}C_1 \times 2 + {}_6C_1 \times {}_7C_1 \times {}_7C_1 + {}_{11}C_1 \times {}_6C_1 \times 2 + {}_{11}C_1 \times 1 \times {}_7C_1 \times 2) \times 3 = 2100$$

而应当减去的数是:

$$_3C_1 \times {}_{10}C_1 \times 2 + {}_3C_1 \times {}_7C_1 \times {}_7C_1 + {}_{10}C_1 \times {}_6C_1 \times 2 + {}_{10}C_1 \times {}_7C_1 \times 1 \times 2 = 467$$

所以这项的和牌数是: $2100 - 467 = 1633$

(β)含有两组三同色组的,一般来说,只有2个花色对子可配合,其中自然也得减去香皂七的对子所不能配合的,而和牌的总数是:

$$(_6C_1 \times {}_6C_1 \times 2 + {}_6C_1 \times 1 \times {}_7C_1 \times 2 + {}_{11}C_1 \times 1 \times 1) \times 2 - ({}_3C_1 \times {}_6C_1 \times 2 + {}_3C_1 \times 1 \times {}_7C_1 \times 2 + {}_{10}C_1 \times 1 \times 1) = 246$$

(γ)含有三组三同色组的,这只有一部分不含香皂七的可以同香皂七的对子配合成和牌,这样的数目是: $_3C_1 \times 1 \times 1 = 3$

(δ)不含三同色组的,一般来说有4个花色对子可配合,但也应当减去香皂七的对子所不能配合的,这一项和牌的总数是:

$$(_{11}C_1 \times {}_{10}C_1 \times 2 + {}_{11}C_1 \times {}_7C_1 \times {}_7C_1) \times 4 - ({}_{10}C_1 \times {}_{10}C_1 \times 2 + {}_{10}C_1 \times {}_7C_1 \times {}_7C_1) = 2346$$

这四小项所得的数共是: $1633 + 246 + 3 + 2346 = 4228$

(d)一组香皂的

（Ⅰ）字对子也是7个都可以配合，所以这样的和牌数是：

$$({}_8C_1 \times {}_7C_1 \times 2 + {}_8C_1 \times {}_{16}C_1 \times {}_8C_1 \times 2) \times 7 = 1,5120$$

（Ⅱ）花色对子的配合：

（α）含一组三同色的

$$(1 \times 1 \times 2 + 1 \times {}_{10}C_1 \times {}_7C_1 \times 2 + {}_7C_1 \times {}_6C_1 \times 2 + {}_7C_1 \times {}_6C_1 \times {}_7C_1 \times 2 + {}_7C_1 \times {}_{10}C_1$$
$$\times 1 \times 2) \times 3 - ({}_3C_1 \times {}_6C_1 \times 2 + {}_3C_1 \times {}_6C_1 \times {}_7C_1 \times 2 + {}_3C_1 \times {}_{10}C_1 \times 1 \times 2) = 2514$$

这里第一个括弧中的前两项是香皂取一组三同色的。而第一项是和牙膏或皂珠三连续组的三组配合，第二项是在牙膏或皂珠中取三连续组两组和其他一种中的一组三连续组配合。香皂七的对子都配得上去。后三项是香皂取一组三连续组而和牙膏或皂珠的一组三同色组及别的两组配合，所以这项中有些是香皂七的对子不能配的，应当减去。

（β）含两组三同色组的，一般的只有2个花色对子可相配，配合的情形依前一种可类推，和牌和总数是：

$$(1 \times {}_6C_1 \times 2 + 1 \times {}_6C_1 \times {}_7C_1 \times 2 + 1 \times {}_{10}C_1 \times 1 \times 2 + {}_7C_1 \times {}_6C_1 \times 1 \times 2) \times 2 - {}_3C_1 \times {}_6C_1 \times 1 \times 2 = 364$$

（γ）含三组三同色组的，这自然只有香皂七的对子可以配合了，和牌数是

$$1 \times {}_6C_1 \times 1 \times 2 = 12$$

（δ）不含三同色组的，一般来说有4个花色对子可配合，也应当减去香皂七的对子所不能配合的，所以和牌的总数是：

$$({}_7C_1 \times 1 \times 2 + {}_7C_1 \times {}_{10}C_1 \times {}_7C_1 \times 2) \times 4 - ({}_3C_1 \times 1 \times 2 + {}_3C_1 \times {}_{10}C_1 \times {}_7C_1 \times 2) = 3550$$

这四小项共是 $2514 + 364 + 12 + 3550 = 6440$

（e）没有香皂的：这一项里每副7个字对子和2个香皂的对子都可以去配合，这样的和牌数目共是：$({}_7C_1 \times {}_8C_1 \times 2 + {}_{16}C_1 \times {}_{16}C_1) \times (7 + 2) = 3312$

此外，就只剩牙膏或皂珠的对子的配合了。只含一组三同色组有1个对子可配合，一组不含的有2个对子可配合，所以和牌的数目是：

$$\left({}_6C_1 \times {}_7C_1 \times 2 + 1 \times 1 \times 2 + {}_6C_1 \times {}_{10}C_1 \times 2 \right) \times 1 + \left(1 \times {}_7C_1 \times 2 + {}_{10}C_1 \times {}_{10}C_1 \right) \times 2 = 434$$

读者大概已是头昏脑胀了，但是恭喜，恭喜，我们现在所差的只是将这些分户账总结一下，这不过是一个中等的复杂加法而已。

所谓棕榄谜，究竟有多少猜法？要知谜底请看下面：

$$245 + 3360 + 315 + 2835 + 25305 + 2268 + 126 + 13360 + 55440 + 9051 + 735$$
$$+7 + 19446 + 9 + 1120 + 348 + 11424 + 4228 + 15120 + 6440 + 3312 + 434 = 175428$$

这175428副和牌，还是单就雀牌的正规说。一般玩雀牌的人，还有和十三幺的说法，在西南几省还有和七对的。

所谓十三幺，照棕榄谜说就是一副中，棕、榄、香、皂、珂、路、瓣，香皂一、九，牙膏一、九，和皂珠一、九，十三只都有而且有一张成对。在所绘的材料中除香皂九、牙膏一，和皂珠九不能成对外还有十种可以成对，所以十三幺的和法共有10种。

至于七对的和法，因为总共有12个对子可以做成——棕、榄、香、皂、珂、路、香皂一、香皂七、牙膏九、皂珠一各1对，瓣2对。——所以和法共是：

$${}_{12}C_7 = {}_{12}C_5 = \frac{12 \cdot 11 \cdot 10 \cdot 9 \cdot 8}{5 \cdot 4 \cdot 3 \cdot 2 \cdot 1} = 792$$

将这三种合起来，和牌的副数便是：

$$175428 + 10 + 792 = 176230$$

读者倘若预先想到一个答数，看到这里就得到了比较，我且问你，真实的数目和你预估的相差多少？

<h1 style="text-align:center">十一</h1>

现在我们可以说猜的话了。

照它的游戏规则说，每人以四猜为限，你若规规矩矩地猜了四猜寄去，你的希望不过是：

$$\frac{4}{17,6230} = \frac{1}{4,4058} 弱$$

就是四万四千零五十八分之一还不到,依概率说,这实在太微弱了。

你也许可以这样想,我们可以揣摩公司的心理,这样,就比较有把握。但是倘若该公司排定的和牌不是偶然的,而有什么用意,可以被别人揣摩到,那么能猜中的人就一定不少。照它的游戏规则所规定的,赠品仅以十台为限,如猜中者超过十人,则再用抽签法决定,所以你就是猜中了,得奖的希望还是不大。从少数说,比如有二十个人猜中,那么你也不过有一半的希望。因为从二十个人中抽出十个人的方法总共是 $_{20}C_{10}$,能够抽到你的机会是 $_{19}C_9$,你的希望便是:

$$_{19}C_9 \,/\, _{20}C_{10} = \frac{19!}{9!10!} \div \frac{20!}{10!10!} = \frac{19!}{9!10!} \times \frac{10!10!}{20!} = \frac{1}{2}$$

是的,一半的希望本不算小,但由揣摩心理去猜中,这是多少渺茫呵!

事情的成功本来有两条路,一是"碰",一是"干"。你猜四猜希望中,这是碰;碰的希望如此小,你也许会想到,既然有一定的数目,无妨硬干,用四万四千零五十八个名字,各种和牌都猜去,自然一定会中的。然而,朋友,你别忙着开心,这一来不可能,二来即使可能也倒霉。

为什么不可能?

总共十七万六千二百三十副和牌,照它的规定,要你从图上将捡定的十四张剪贴在参赛券上。就算你很敏捷,两分钟可以剪贴成一张,你也很勤奋,每天可以连续不断地剪贴十二个小时,我们来算算看。

两分钟剪贴一张,一小时可剪贴三十张,一天工作十二小时,总共也不过可剪贴三百六十张。要全部剪贴完,就要四百八十九天六小时二十分钟。你每天都不中断,也需一年四个多月。然而游戏的截止日期是本年九月十日,怎么能实现呢?

为什么也有可能倒霉?

依游戏规则，每一猜需附寄大号棕榄香皂绿包纸及黑纸带各一。这就是说你要猜一条就得买一块大号棕榄香皂，所以你要全猜需得买十七万六千二百三十块。照平常的价钱每块要二角六分，就算你买得多打对折也要一角三分，而总共就要二万二千九百零九元零九分，你有这么多的闲钱吗？再进一步想，公司将香皂这样卖给你，每块不过赚你一分洋钱，他也就赚了一千七百六十二元三角。什么最新式落地收音机，你还不如自己买，非要来费这事！

朋友F君说：绿包纸及黑纸带可以想方设法去收集，一个铜元一副。好，就这么办吧！十七万六千二百三十个铜元，照上海现在的行情说，算是三百个铜元一块钱，也要五百八十七元四角三分，你又要用四万多个信封，还不够自己买一台收音机吗？

硬干，可能，你说用得着倒天下的大霉吗？

还有一点我忘了写出来，现在补上吧。

上面所计算的和牌的数目十七万多，这还只就每副牌所包含的十四张的情形说的。游戏规则说，参加游戏者亦可在五十六张中捡出十四张"排"成和牌一副，如与本公司所"排定"的和牌"完全"相同……假如这项规定的本意不但要你猜中他所"排定"那一副和牌是用哪十四张，而且还需"排"贴得一样，那么，朋友，这个数目可够你算了。一副和牌排法最多的，就是十四张中除一个对子外都不相同的，它的排法是：

$$\frac{_{14}P_{14}}{_2P_2} = \frac{14!}{2!} = 7 \times 13! = 4,3589,1456$$

而最少的，——含有四组三同色组和一对的，——也有十六万八千一百六十八种排法。

$$\frac{_{14}P_{14}}{_3P_3 \cdot _3P_3 \cdot _3P_3 \cdot _3P_3 \cdot _2P_2} = \frac{14!}{3!3!3!3!2!} = 16,8168$$

十七万多副和牌的排法共有多少，这个数不是够你算了吗？而算了出来，你有法说清楚吗？

　　假如棕榄公司的经理是要你"排"得"完全"和他"排定"的相同，你要去猜，猜中的几率岂不是如大海捞针吗？

　　虽是这样，将来总有十个人能够将那"最新式落地收音机"摆在自己家里，然而这是数学以外的问题。

9 韩信点兵

　　说起来已将近三十年了，那时我还只有八岁，常常随着我的祖父去会他的老友。有一次到一个小盐商家去，他一见我们祖孙俩走到摊头，一边拉长板凳，一边向祖父说：

　　——请坐，请坐，好福气，四孙少爷这般大了。

　　——什么福啊！奔波劳碌的命！

　　——哪里，哪里，四孙少爷已经上学了吧？

　　——不要这般叫，孩子们，——今年已随着哥哥进学校了，在屋里淘气得很，还是去找个管头好。说完，祖父微笑着抚摸我的头，盐老板和他说了一些古话，不知怎地，突然却转到了我的身上：

　　——在学校里念些什么书？

　　——国文、算术……我这样回答。

　　——还学算吗？好，给你算一个题，算得出，请你吃晚饭。

　　这使我有点儿奇怪，心里猜不透他是叫我算乘法还是除法。我有些惊恐，怕他叫我算四则问题，我目不转睛地看着他，他不慌不忙地说了出来：

　　——三个三个地数剩两个，五个五个地数剩三个，七个七个地数也剩两个，你算是几个？

　　我一听心里非常高兴，暗地里还有点儿骄傲："这样的题目，哪个不会算！"这时我正好学完公倍数、公约数，而且不久前还算过这样一个题目：

"某数以三除之余二，以四除之余三，以五除之余四，以六除之余五，问某数最小是多少？"

我把这两个题目看成是一样的，它们都是用几个数去除一个数全除不尽。这第二个题的算法我记得十分清楚，所以我觉得很有把握。不但这样，而且我觉得这位老板的题目有些不通，他只问我一个最小的答数。当我在肚里这样寻思的时候，祖父便问道：

——算得出吗？

——算得出，不只一个答数。我这样回答以后，那位老板就恭维起我来了，对着祖父说：

——真好福气！一想就想出来了，将来一定比大老爷还强。

祖父又是一阵客气，然后对着我说：

——你说一个答数看。

我所算过的题，是先求出三，四，五，六四个数的最小公倍数"六十"，然后减去"一"得"五十九"。我于是依样先求三，五，七三个数的最小公倍数，心里暗想着"三五一十五，七五三十五，一百零五"。再就是要减去一个数了。我算过的题因为"以三除之余二"是差个一 (3−2=1) 就除尽，所以要减去"一"。现在"三个三个地数剩两个"正是一样，也只要减去"一"，所以我就从一百零五当中减去一，而立刻回答道：

——最小的一个数是一百零四，还有二百零九 (104+105=209) 也是。

这时，我在幼稚的心里感到得意和快乐，我期望着老板的夸奖。岂知出乎我的意料之外！他说：

——一百零四，五个五个地数剩的是四个，不是三个。

这我怎么没想到呢？于是我想，应当从一百零五当中减去二 (5−3=2)，我就说：

——一百零三。

——三个三个的数只剩一了。

我窘极了，居然遭遇到了这么大的失败！在我小时学数学，所遇到的窘迫，这是最大的两次当中的一次，我觉得在人的面前失败，非常害羞。我记得很清楚，我一只手扯着衣角，一只手捏紧拳头，脸上如火烧一般，低着头，尽管在心里转念头，把我所算过的题目都想到。但是徒然，和它相像的一个也没有了。我后来下定决心，胆大地说：

——恐怕题目出错了吧！

然而得到的是一个使我更加窘迫的回答：

——不错的，连我的祖父也这样说。

急中生智，我居然找到了一条新路，我想三个去除剩两个，五个去除剩三个，我可以先找三个去除剩两个的一些数，再一个一个地拿五去除来试。这真是一条光明的路，第一个我想到的是"五"，这自然不对，用五去除并没有剩的。接着想到的是"八"，正好用三去除剩二，用五去除剩三。我真喜出望外：

——八！

——还是不对，七个七个地数，只剩一个。

这真叫我走投无路了！那天的晚饭虽然仍是那位老板留我们吃，但当祖父答应留在那里的时候，我非常难过，眼巴巴地望着他希望他能领我回家，我真是脸上热一阵冷一阵的，哪儿有心思吃饭！我想得头都胀了，总想不出答案。羞愧、气闷，因而还有些恼怒，满心充塞着这些滋味没精打采地在夜里跟随祖父回家。我的祖父对我很慈爱，但督责也很严，他在外面虽不曾向我说什么，一到家里，他就开始教训我了：

——读书要用心！……在别人的面前不好夸口！……"宁在人前全不会，勿在人前会不全！"小小年纪晓得些什么？别人问到就说不知道好了……这时他的脸上严肃中还带有几分生气的神情。他教训我时，我的母亲、婶母、哥哥都在旁边，后来他慢慢地将我的遭遇说给他们听，我的哥哥听他说完了题目便脱口而出：

——二十三。

我非常不服气，

——别人告诉过你的！

——还这样不上进，祖父真生气了。

从那夜起，一直两三天，我见到祖父就怕，我任何时候都在想这个题的算法，弄得吃、玩、睡都惝悦。最终还是我的哥哥将算这个题目的秘诀告诉了我，而且说，这叫"韩信点兵"。虽然我对这道题十分懊丧，却慢慢地把它抛到了脑后。

现在想起来，那次遭遇以及祖父所给我的教训实在是我的年龄不应当承受的。不过这样的硬教育，对于我也有很大的功劳，我对于数学能有较浓厚的兴趣，一半固然由于别人所给的积极的鼓励；而一半也由于这些我所承受不起的遭遇和教训。数学有时会叫人头痛，然而经过一次头痛，总有一次进步。这次的遭遇，对于本问题，我自己虽是一无所得，但对于思索问题的途径，确实得到了不少启示。在当时，有些自以为有了理解的，虽也不免不切实际或错误，但毕竟增长了一些趣味和能力。因此我愿以十二分的诚意，将这段经过叙述出来，以慰勉一部分和我有类似遭遇的读者。

现在我们言归正传。

所谓"韩信点兵"，指是的那位盐老板给我出的题目的算法。"韩信点兵"这个名词虽是到了明时程大位的《算法统宗》才见到的。但这个问题在中国数学史上却很有来历，到了卖盐老板都知道，也可以当得起"妇孺皆知"的荣誉了。

这题目最早见于《孙子算经》，《孙子算经》是什么时候什么人所作的书，现在虽然难以考证，大约是二千多年前的作品确实是不容怀疑的。在《孙子算经》上，这题目原是这样的：

"今有物不知数，三三数之，剩二；五五数之，剩三；七七数之，剩二，问物几何？"

在原书本归在《大衍求一术》中，到了宋时，周密的书中却有《鬼谷算》和《隔墙算》的名目，而杨辉又称为"剪管术"，在那时便有秦王暗点兵的俗名，大约韩信就是从秦王变来的，至于"明点""暗点"本没有多大关系。

原书上，跟着题目便有下面的一段：

"答曰二十三。"

"术曰：三三数之剩二，置一百四十；五五数之剩三，置六十三；七七数之剩二，置三十。并之，得二百三十三，以二百一十减之，即得。"

"凡三三数之剩一，则置七十；五五数之剩一，则置二十一；七七数之剩一，则置一十五；一百六以上，以一百五减之，即得。"

后一小段可以说是这类题的基本算法，而前一小段却是本问题的解答，用现在的式子写出来便是：

$$70 \times 2 + 21 \times 3 + 15 \times 2 = 140 + 63 + 30 = 233$$

$$233 - 105 \times 2 = 233 - 210 = 23$$

照前面的说法，自然是士大夫气很重，也可以说是讲义体，一般人当然很难明白，但到了周密的书中便有了诗歌形式的说明，那诗道：

"三岁孩儿七十稀，五留廿一事尤奇。

七度上元重相会，寒食清明便可知。"

这诗虽然容易记诵，但意义不明，而且说得也欠周到。到了程大位，它就改了面目：

"三人同行七十稀，五树梅花廿一枝。

七子团圆月正半，除百零五便得知。"

这诗流传得非常广，所以如卖盐老板之流也都知道，而我的哥哥所告诉我的秘诀就是它。

是的，知道了它，这类的题目便可以机械地算了，将三除所得的余数去乘七十五，五除所得的余数去乘二十一，七除所得的余数去乘十五，再把这三项乘积相加。如所得的和比一百零五小，那便是所求的答数；不然，则减去一百零五的倍数，而得出比一百零五小的数来——这里所要求的只是一个最小的答案——例如三三数之剩一，五五数之剩四，七七数之剩三，那么，运算的步骤便是：

$$70 \times 1 + 21 \times 4 + 15 \times 3 = 70 + 84 + 45 = 199$$

$$199 - 105 = 94$$

若单只就实用或游戏说，熟记这秘诀已够用了。至于它是从哪儿来的，一般人哪儿管这么多？但就数学的立场来说，这种知其然而不知其所以然的态度却没有多大价值，即使熟记这秘诀，所能应付的问题不过一百零五个，因为只限于三三，五五，七七三种数法。我们要默记这一百零五个答数并不是不可能，然而如果真的熟记这一百零五个答数，那就无意味了。（见附注）

所以我们第一要问，为什么这样就是对的？

要说明其中的理由，我们先记起算术里面关于倍数的两个定理：

（一）某数的倍数的倍数，还是某数的倍数——这正如我的哥哥的哥哥还是我的哥哥一般。

（二）某数的若干倍数的和，还是某数的倍数——这正如我的几个哥哥坐在一起，他们仍然是我的哥哥一般。

依照这两个定理来检讨上面的算法，设 R_3 表示用三除所得的余数，R_5 和 R_7 相应地表示用五除和用七除所得的余数，那么：

（一）七十是五和七的倍数，而是三的倍数多一，所以用 R_3 去乘仍是五和七的倍数，而是三的倍数多 R_3。

（二）二十一是七和三和倍数，而是五的倍数多一，所以用 R_5 去乘仍是七和三的倍数,而是五的倍数多 R_5。

（三）十五是三和五的倍数,而是七的倍数多一,所以用 R_7 去乘仍是三和五的倍数,而是七的倍数多 R_7。

（四）所以这三项相加,就三说,是

$70 \times R_3 + 21 \times R_5 + 15 \times R_7 = 3$ 的倍数 $+R_3 + 3$ 的倍数 $+3$ 的倍数 $= 3$ 的倍数 $+R_3$。

若用三去除所得的余数正是 R_3。就五说,是

$70 \times R_3 + 21 \times R_5 + 15 \times R_7 = 5$ 的倍数 $+R_5 + 5$ 的倍数 $+5$ 的倍数 $= 5$ 的倍数 $+R_5$。

若用五去除所得的余数正是 R_5。就七说,是

$70 \times R_3 + 21 \times R_5 + 15 \times R_7 = 7$ 的倍数 $+R_7 + 7$ 的倍数 $+7$ 的倍数的 $= 7$ 倍数 $+R_7$。

若用七去除所得的余数正是 R_7。

这就可以证明我们如法炮制出来的数是合题的。至于在比一百零五大的时候,要减去它的倍数,使得数小于一百零五,这因为适合于题目的答数本来是无穷的,只得取最小的一个数代表的缘故。一百零五本是三、五、七的最小公倍数,在这最小的答数上加入它的倍数,这和除得的余数无关。

经过这样的证明,我们可以承认上面的算法是对的。但这还不够,我们还要问,那七十,二十一,和十五三个数含有怎样的性质?

七十是五和七的公倍数,而二十一是七和三的最小公倍数,十五是三和五的最小公倍数,为什么两个是最小公倍数而它一个却只是公倍数呢?

这个问题并不难回答,因为二十一用五除,十五用七除都恰好剩一,而五和七的最小公倍数"三十五"用三除剩的却是二,七十用三除才剩一。所以这个解法的要点,是要求出三个数来,每一个都是三个除数中的两个的

公倍数——最小公倍数是碰巧的——而同时是它一个除数的倍数多一。

这样，就到了第三步，我们要问，合于这种条件的数怎么求出来呢？

这里且将清时黄中宪所编的《求一术通解》里的方法摘抄在下面，我们来认识认识中国数学书的面目，也是一件趣事。

一行泛母 |||	析母 |||	定母 |||		衍数 ≣
二行泛母 ||||	析母 ||||	定母 ||||	衍母 ⅠОⅠⅠⅠⅠⅠ	衍数 �片
三行泛母 ⊤	析母 ⊤	定母 ⊤		衍数 ≡

"三位泛母都是数根，不可拆，即为定母。连乘，得105为衍母。以一行三除之，得三十五为一行衍数；以二行定母五除之，得二十一为二行衍数；以三行定母七除之，得十五为三行衍数。"

这里所谓泛母，用不到解释，便可明白，析母就是将泛母分成质因数。至于定母，便是各泛母所单独含有的质因数的积。若是有一个质因数是两个以上的泛母所共有的，那么只是含这个质因数的个数最多的泛母用它；若是两个泛母所含这质因数的个数相同，那么随便哪一个泛母用它都可以。——注意后面的另一个例子——衍母是各定母的连乘积，也就是各泛母的最小公倍数，衍数是用定母除衍母所得的商。

得了定母和衍数，就可以求乘率，所谓乘率便是乘了衍数所得的积恰等于泛母的倍数多一的数，而这个乘积称为用数。求乘率的方法，在《求一术通解》里面是这样说的：

"列定母于右行，列衍数于左行（左角上预寄一数），辗转累减，至衍数余一为止，视左角上寄数为乘率。

"按两数相减，必以少数为法（法是减数），多数为实（实是被减数）。其法上无寄数者，不论减若干次，减余数上仍以一为寄数（1）。其实上无寄数者，减作数上，以所减次数为寄数（2）。其法实上俱有寄数者，视累减若干次，以法上寄数亦累加若干次于实上寄数中（3），即得减余数上之寄数矣。"

照这个法则，我们来求所要的各乘率。为了容易明白，我将原式的中国数码改成了阿拉伯数字：

定 母 3	3	1^1	
洐 数 ^{1}35	^{1}2	^{1}2	^{2}1

所以乘率是2。

定 母 5	
洐 数 ^{1}21	^{1}1

所以乘率是1。

定 母 7	
洐 数 ^{1}15	^{1}1

所以乘率是1。

依原书所说，是用累减法，但累减便是除，为什么不老老实实地说除，而要说是累减呢？是因为最后衍数这一行必要保留一个余数————所以即使除得尽也不许除尽。因此说除不如说累减更好。但在此说明，还是用除好些。我们就用除法来检查这个计算法。如第一式，衍数35左角上的1，就是所谓预寄的一数，表示用一个衍数的意思。因为定母3比衍数35小，用3（法）去除35（实）得11剩2。照（1）法上无寄数，仍以1为余数2的寄数，所以2的左角上写1。接着以2（法）除3（实）得1（商）剩1。照（2）实上无寄数，以所减次数（即商数）为余数的寄数，所以1的右角上还是1。再用这1（法）

去除2（实）本来是除得尽的，但应当保留余数1，因此只能商1而剩1。照（3）法实都有寄数，应当以商数1乘法数1的寄数1，加上实数2的寄数1得2，为余数1的寄数，而它便是乘率。

第一次的余数 $2 = 35 - 3 \times 11$

第二次的余数1=3-2×**1**=3-第一次的余数×**1**=3-**1**-(35-3×11)×**1**

第三次的余数1=2-1×**1**

$$=第一次的余数-第二次的余数×1$$

$$=35-3×11-[3-(35-3×11)×\mathbf{1}]×\mathbf{1}$$

$$=35-3×11-3×\mathbf{1}+35\mathbf{1}+3×11×\mathbf{1}×\mathbf{1}$$

$$=35×(1+\mathbf{1})-3×(11-1+11)$$

$$=35×\overset{\bullet}{2}-3×21$$

就是 $3 \times 21 = 35 \times 2 - 1$ $\therefore \dfrac{35 \times 2}{3} = 21 \cdots\cdots 1$

上式中"•"表示所求得的乘率，黑体字表示每次的寄数。你看这求法多么巧妙！现在用代数的方法证明如下：设A为定母，B为衍母，$a_0 a_1 a_2 \cdots\cdots a_n$ 为各次的寄数，$r_0 r_1 r_2 \cdots\cdots r_n$ 为各次的余数，而 r_n 等于1，依上面的式子写出来便是：

定 母 A	A	$r_1^{\,a_1}$	……	
衍 数 $_{a_0}B$	$^{a_0}r_0$	$^{a_0}r_0$	……	$^{a_n}r_n$ (1)

而 $r_0 = B - t_0 A$

$r_1 = A - a_1 r_0 = A - a_1(B - t_0 A) = A_1 - a_1 B + a_1 t_0 A$

$\quad = t_1 A - a_1 B$ $\qquad\qquad\quad t_1 = t_0 + 1$

$r_2 = r_0 - g_2 r_1 = (B - t_0 A) - q_2(t_1 A - a_1 B) = B - t_0 A - q_2 t_1 A + q_2 a_1 B$

$$= a_2 B - t_2 A \qquad\qquad t_2 = q_2 t_1 + t_0$$

$$r_3 = r_1 - q_3 r_2 = (t_1 A - a_1 B) - q_3 (a_2 B - t_2 A)$$

$$= t_3 A - a_3 B \qquad\qquad t_3 = q_3 t_2 + t_1$$

$$\cdots\cdots\cdots\cdots\cdots\cdots\cdots\cdots\cdots$$

$$\therefore r_n = a_n B - t_n A \qquad\qquad t_n = q_n t_{n-1} + t_{n-2}$$

$$a_n = q_n a_{n-1} + a_{n-2}$$

但 $r_n = 1 \qquad \therefore 1 = a_n B - t_n A$

就是 $\qquad\qquad a_n B = t_n A + 1$

$$\therefore \frac{a_n B}{A} = \frac{t_n A + 1}{A} = t_n \cdots\cdots 1$$

有了乘率，将它去乘衍数就得用数，上面已经证明了，所以在本例题，三，五和七的用数相应地便是七十 (35×2) ，二十一 (21×1) 和十五 (15×1) 。

杨辉的"剪管术"中，同样的题目有好几个，试取两个照样演算于下。

（a）七数剩一，八数剩二，九数剩三，问本数是多少？

（一）求衍数

泛 母	析 母	定 母	衍 母	衍 数
7	7	7		72
8	8	8	504	63
9	9	9		56

（二）求乘率

定 母 7	7	1^3	
衍 数 $^1 72$	$^1 2$	$^1 2$	$^4 1$

所以乘率是4。

定 母 8	8	1^1	
沂 数 ^{1}63	^{1}7	^{1}7	^{7}1

所以乘率是7。

定 母 9	9	1^4	
沂 数 ^{1}56	^{1}2	^{1}2	^{5}1

所以乘率是5。

(三)求用数,就是将相应的乘率去乘衍数,所以七,八,九的用数相应地为二百八十八(72×4),四百四十一(63×7)和二百八十(56×5)。

(四)求本数,就是将各除数所除得的剩余相应地乘各用数,而将这三个乘积加起来。倘若所得的和比七,八,九的最小公倍数504大,就将504的倍数减去,也就是用这最小公倍数除所得的和而求余数。

因而 $288×1+441×2+280×3=288+882+840=2010$

$2010÷504=3余498$

所以四百九十八便是本数。

(b)二数余一,五数余二,七数余三,九数余四,求原数是多少?

(一)求衍数

泛 母	析 母	定 母	沂 母	沂 数
2	2	2		315
5	5	5	630	126
7	7	7		90
9	9	9		70

(二)求乘率

定 母 2	
沂 数 ^{1}315	^{1}1

所以乘率是1。

定 母 5	
汸 数 ^{1}126	^{1}1

所以乘率是1。

定 母 7	7	1^1	
汸 数 ^{1}90	^{1}6	^{1}6	^{6}1

所以乘率是6。

定 母 9	9	2^1	
汸 数 ^{1}70	^{1}7	^{1}7	^{4}1

所以乘率是4。

（三）求用数

2的……$315 \times 1 = 315$，5的……$126 \times 1 = 126$，

7的……$90 \times 6 = 540$，9的……$70 \times 4 = 280$。

（四）求本数

$315 \times 1 + 126 \times 2 + 540 \times 3 + 280 \times 4 = 315 + 252 + 1620 + 1120 = 3307$

$3307 \div 630 = 5 \cdots\cdots 157$

所以原数是一百五十七。

再由《求一术通解》上取一个较复杂的例子，就更可以看明白这类题的算法了。

"今有数不知总：以五累减之，无剩；以七百一十五累减之，剩一十；以二百四十七累减之，剩一百四十；以三百九十一累减之，剩二百四十五；以一百八十七累减之，剩一百零九，求总数是多少？"

"答：10020。"

（一）求衍数

泛 母	析 母	定 母	衍 母	衍 数
5	5	废 位		
715	5·×11·×13	55		9,6577
247	13·×19·	247	531,1735	2,1505
391	17·×23·	391		1,3585
187	11×17	废 位		

（二）求乘率

定 母 55	55	3^1	
衍 数 ^{1}9,6577	^{1}52	^{1}52	^{18}1

所以乘率是18。

定 母 247	247	7^{15}	7^{15}	1^{108}	
衍 数 ^{1}2,1505	^{1}16	^{1}16	^{31}2	^{31}2	^{139}1

所以乘率是139。

定 母 391	391	100^1	100^1	9^4	
衍 数 ^{1}1,3585	^{1}291	^{1}291	^{3}91	^{3}91	^{43}1

所以乘率是43。

（三）求用数

715的···96577×18＝1738386

247的···21505×139＝2989195

391的···13585×43＝584155

（四）求总数

129

$1738386 \times 10 + 2989195 \times 140 + 584155 \times 245$

$= 17383860 + 418487300 + 143117974$

$= 578989135$

$578989135 \div 5311735 = 109 \cdots\cdots 10020$

这个计算所要注意的就是"废位"，第一行的析母5，第二行也有，第二行已用了（数旁记黑点就是表示采用的意思），所以第一行可废去。第五行的11和17，一个已用在第二行，一个已用在第四行，所以这一行也废去。前面已经说过两个泛母若有相同的质因数而且所含的个数相同，无论哪个泛母采用都可以，因此上面求衍数的方法只是其中一种。在《求一术通解》里，就附有左列每种采用法的表，比较起来这一种实在是最简单的了。（表中的○表示废位。）

析母	5	5×11×13	13×19	17×23	11×17	
定	○	55	247	391	○	1
	○	715	19	391	○	2
	○	55	247	23	17	3
	○	715	19	23	17	4
	○	5	147	391	11	5
	○	65	19	391	11	6
	○	5	247	23	187	7
	○	65	19	23	187	8
	5	11	247	391	○	9
	5	143	19	391	○	10
	5	11	247	23	17	11
	5	143	19	23	17	12
	5	○	247	391	11	13
	5	13	19	391	11	14
母	5	○	247	23	187	15
	5	13	19	23	187	16

由这几个例子，可以看出"韩信点兵"不限于三三，五五，七七地数。在中国的旧数学上，《大衍求一术》还有不少应用，不过在这篇短文里却讲不到了。

到了这一步，我们可以问："'韩信点兵'这类问题在西洋数学中怎样解决呢？"

要回答这个问题，你先要记起代数中联立方程式的解法来。不，首先要记起一般联立方程式所应具备的必要条件。那是这样的，方程式的个数应当和它们所含未知数的个数相等。所以二元的要有两个方程式，三元的要有三个，倘使方程式的个数比它们所含未知数的个数少，那就不能得出一定的解答，因此我们称它为无定方程式（Indeterminations of a system of equation）。

两个未知数而只有一个方程式，例如，

$5x + 10y = 20.$

我们若将 y 当作已知数看，依照解方程式的顺序来解便可，而且也只能得出下面的式子：

$x = 4 - 2y.$

在这个式子当中任意用一个数去代 y，x 都有一个相应的数值，如：

$y = 0,$ $x = 4 - 2 \times 0 = 4;$ $y = 1,$ $x = 4 - 2 \times 1 = 2;$

$y = 2,$ $x = 4 - 2 \times 2 = 0;$ $y = 3,$ $x = 4 - 2 \times 3 = -2;$

$y = -1,$ $x = 4 - 2 \times (-1) = 6;$ ⋯⋯⋯⋯⋯⋯

y 的数值既然可以任意定，所以这方程式的根便是无定的。

又三个未知数，只有两个方程式，比如：

$x + y - 3z = 8$ ⋯⋯⋯(1)

$2x - 5y + z = 2$ ⋯⋯⋯(2)

依照解联立方程式的法则，从这两个方程式中可以随意先消去一个未知数。若要消去 z，就用3去乘 (2)，再和 (1) 相加，便得：

$$6x - 15y + 3z + x + y - 3z = 6 + 8$$
$$7x - 14y = 14$$

再移含有 y 的项到右边，并且全体用7去除，就得：

$$x = 2 + y$$

照前例同样的理由，这方程式中 y 的值可以任意选用，所以是无定的，而 x 的值也就无定了，x 和 y 的值都不一定，z 的值跟着更是无定，如：

$y = 1$, $x = 3$, 代入（1） $z = -\dfrac{4}{3}$　　　代入（2）z=1；

$y = 2$, $x = 4$, 代入（1） $z = -\dfrac{2}{3}$　　　代入（2）z=4；

··················

就这样推下去，联立方程式的个数只要比它们所含的未知数少，就得不出一定的解答来。

这样说起来，不定方程式系不是一点儿用场都没有了吗？这个疑问自然是应当有的，不过用场的有无实在难说。和尚捡到常州梳子自然没用，但若是江北大姐捡到，岂不喜出望外？仔细考察起来，不定方程式系虽然没有一定的解答，但它却将所含的未知数间的关系加上了限制。即如第一个例子，x 和 y 的数值虽然无定，但若 y 等于0，x 就只能等于4；若 y 等于1，x 就只能等于2。再就第二个例子说，也有同样的情形。这种关系倘若再得到别的条件来补充，那么，解答就不是漫无限制了，本来一个方程式也不过表示几个未知数在某种情形所具有的关系，也就只是一个条件。

我们就用"韩信点兵"的问题来做例吧。

设三三数所数的次数为 x，五五数所数的次数为 y，七七数所数的次数为 z，而原数为 N，则：

$N = 3x + 2 = 5y + 3 = 7z + 2.$

$\therefore 3x + 2 = 5y + 3 \cdots (1)$, $3x + 2 = 7z + 2 \cdots (2)$

这有三个未知数只有两个方程式，但我们应当注意 x, y, z 都必须是正整数，这便是一个附带的条件，

由 (1) $\quad x = \dfrac{5y + 1}{3} = y + \dfrac{2y + 1}{3}$

因为 x 和 y 是正整数，所以 $\dfrac{2y + 1}{3}$ 虽是一个分数的形式，也必须是整数，设它是 α , 那么：

$$\dfrac{2y + 1}{3} = \alpha \qquad \therefore 2y + 1 = 3\alpha, y = \dfrac{3\alpha - 1}{2} = \alpha + \dfrac{\alpha - 1}{2}$$

因为 y 和 x 都是整数，所以 $\dfrac{\alpha - 1}{2}$ 也必须是整数，设它是 β , 则

$$\dfrac{\alpha - 1}{2} = \beta \qquad \therefore \alpha - 1 = 2\beta, \alpha = 2\beta + 1$$

$$\therefore y = \alpha + \beta = 2\beta + 1 + \beta = 3\beta + 1,$$
$$x = y + \alpha = 3\beta + 1 + 2\beta + 1 = 5\beta + 2$$

而 $\quad N = 3x + 2 = 3(5\beta + 2) + 2 = 15\beta + 8.$

由 (2) $\quad 15\beta + 8 = 7z + 2$, $\quad \therefore 7z = 15\beta + 6,$

$$\therefore z = \dfrac{15\beta + 6}{7} = 2\beta + \dfrac{\beta + 6}{7}$$

因为 z 和 β 都是正整数，所以 $\dfrac{\beta + 6}{7}$ 也必须是整数，设它是 γ , 则

$$\dfrac{\beta + 6}{7} = \gamma, \qquad \therefore \beta + 6 = 7\gamma, \quad \beta = 7\gamma - 6$$

而 $z = 2(7\gamma - 6) + \dfrac{(7\gamma - 6) + 6}{7} = 14\gamma - 12 + \gamma = 15\gamma - 12$

$N = 7z + 2 = 7(15\gamma - 12) + 2 = 105\gamma - 82.$

现在 γ 既然是整数, 而且不能是负的。因为它若是负的, N 也便是负的, 对于题目来说便没有意义了, 所以 γ 至少是1, 而

$N = 105 - 82 = 23$

自然 γ 可以是2, 3, 4, 5, 6, ……而 N 随着便是128, 233, 338, 443, 548……但 N 的值虽无穷却有一个限制。

既说到代数的无定方程式, 无妨顺着再说一点。

（a）解方程式 $3x + 4y = 22$, x 和 y 的值限于正整数, 先将含 y 的项移到右边, 则得

$\because 3x = 22 - 4y$

$\therefore x = \dfrac{22 - 4y}{3} = 7 - y + \dfrac{1 - y}{3}$

因为 x 和 y 都是正整数, 而7本来是整数, 所以 $\dfrac{1-y}{3}$ 也应当是整数, 设它等于 α , 则

$\dfrac{1-y}{3} = \alpha, \quad 1 - y = 3\alpha;$

$\therefore y = 1 - 3x, \quad\cdots\cdots\cdots\cdots\cdots\cdots\cdots$ (1)

$x = 7 - (1 - 3\alpha) + \alpha = 6 + 4\alpha \cdots\cdots\cdots$ (2)

由（1） y 既是正整数, α 也是整数, 所以 α 或是等于零或是负的, 绝不能是正的。

由（2） x 既是正整数, α 也是整数, 所以 α 应当是正的或是等于零, 最小只能等于负1。

合看这两个条件, α 只能等于零或负1, 而

$$\alpha = 0, \quad x = 6, \quad y = 1;$$
$$\alpha = -1, \quad x = 2, \quad y = 4.$$

（b）解方程式 $5x - 14y = 11$，x 和 y 的值限于正整数。

移项 $5x = 11 + 14y$，

$$\therefore x = \frac{11 + 14y}{5} = 2 + 2y + \frac{1 + 4y}{5}$$

因为 x 和 y 以及 2 都是整数，所以 $\frac{1+4y}{5}$ 也应当是整数，但这里和前一个例不同，不好直接设它等于 α，因为若 $\frac{1+4y}{5} = \alpha$，则 $1 + 4y = 5\alpha$，$y = \frac{5\alpha - 1}{4}$ 仍是一个分数的形式。要避去这个困难，必要的条件是使原来的分数的分子中 y 的系数为 1。幸好这是可能的，不是吗？整数的倍数仍然是整数，我们无妨用一个适当的数去乘这分数，就是乘它的分子。所谓适当，就是乘了以后，y 的系数恰等于分母的倍数多 1。这好像又要用到了前面所说的求乘率的方法了，实际还可以不必这么大动干戈。乘数总比分母小，由观察便可知道了。在本例中，则可用 4 去乘，便得

$$\frac{4 + 16y}{5} = 3y + \frac{4 + y}{5}$$

而 $\frac{4+y}{5}$ 应当是整数，设它等于 α，则

$$\frac{4 + y}{5} = \alpha, \quad 4 + y = 5\alpha \quad y = 5\alpha - 4 \quad\quad (1)$$

$$\therefore x = \frac{11 + 14y}{5} = \frac{11 + 14(5\alpha - 4)}{5} = \frac{70\alpha - 45}{5} = 14\alpha - 9 \quad\quad (2)$$

这里和前例也有点儿不同，由（1）和（2）看来，α 只要是正整数就可以，不必再有什么限制，所以

$$\alpha = 1, \quad x = 5, \quad y = 1; \quad\quad \alpha = 2, \quad x = 19, \quad y = 6;$$
$$\alpha = 3, \quad x = 33, \quad y = 11; \quad\quad \cdots\cdots\cdots\cdots$$

这样的解答是无穷的。

将中国的老方法和现在我们所学的新方法比较一下，究竟哪一种好些，这虽很难说，但由此可以知道，一个问题的解法绝不只是一种。当学习

数学的时候，能够注意别人的算法以及自己另辟蹊径去走都是有兴味而且有益处的。中学的"求一术"不但在中国数学史上占着很重要的地位，若能发扬光大，正有不少问题可以研究。

[附注] 一个数用三去除，有三种情形：一是剩0（就是除尽）；二是剩1；三是剩2。同样地，用五去除有五种情形：剩0, 1, 2, 3, 4；用七去除有七种情形：剩0, 1, 2, 3, 4, 5, 6。从三除的三种情形中任取一种，和五除的五种情形中的任一种，以及七除的七种情形中的任一种配合，都能成一个"韩信点兵"的题目，所以总共有 $3 \times 5 \times 7 = 105$ 个题。而这105个题的最小答数，恰是从0到104。这105个数中，把它们排列起来可以得出下面的表：

R3	R7 \ R5	0	1	2	3	4
0	0	0	21	42	63	84
	1	15	36	57	78	99
	2	30	51	72	93	9
	3	45	66	87	3	24
	4	60	81	102	18	39
	5	75	96	12	33	54
	6	90	6	27	48	69
1	0	70	91	7	28	49
	1	85	1	22	43	64
	2	100	16	37	58	79
	3	10	31	52	73	94
	4	25	46	67	88	4
	5	40	61	82	103	19
	6	55	76	97	13	34
2	0	35	56	77	98	14
	1	50	71	92	8	29
	2	65	86	2	23	44
	3	80	101	17	38	59
	4	95	11	32	53	74
	5	5	26	47	68	89
	6	20	41	62	83	104

这个表的构造是这样的：

(1) R_3 的一行的0，1，2表示三个三个地数的余数。

(2) R_7 的一行的0，1，2，3，4，5，6表示七个七个地数的余数。

(3) R_5 的一排的0，1，2，3，4表示五个五个地数的余数。

(4) 中间的数便是105个相当的答数。

　　所以如说三数剩二,五数剩三,七数剩二,答数就是二十三。如说三数剩一,五数剩二,七数剩四,答数便是六十七。

　　表中各数的排列,仔细观察,也很有趣:

　　(1)就三大横排说,同行同小排的数次第加70——超过105,则减去它——正是泛母三的用数。

　　(2)就每个小横排说,次第加21——超过105,则减去它——正是泛母五的用数。

　　(3)就每大横排中的各行说,次第加15——超过105,则减去它——正是泛母七的用数。

　　这个理由自然是略加思索就会明白的。

10 王老头子的汤圆

一

　　近来有一位幼年时的邻居，从家乡出来的，跑来看望我。见到故乡人，想起故乡事，屈指一算，离家已将近二十年了，记忆中故乡的模样，还是二十年前的。碰见这么一位幼年朋友，在心境上好像已返老还童，一直谈论幼年的往事，石坎缝儿里寻蟋蟀，和尚庙中偷桂花，一切淘气事都会谈到。最后不知怎的，话头却转到死亡上去了，朋友很郑重地说出这样的话来：

　　——王老头子，卖汤圆的，已死去两年了。

　　一个须发全白，精神饱满，笑容可掬的老头子的面影，顿时从心底浮到了心尖。他叫什么名字，我不知道，因为一直听人家叫他王老头子，没有人提起过他的名字。从我自己会走到他的店里吃汤圆的时候起，他的头上已顶着银色的发，嘴上堆着雪白的须，是一个十足的老头子。祖父曾经告诉我，王老头子在我们的那条街上开汤圆店已有二三十年。祖父和许多人都常说，王老头子很古怪，每天只卖一盘子汤圆，卖完就收店，喝包谷烧[1]，照例四两。他今天卖的汤圆，便是昨天夜里做的。真的，当我起得很早的时候，要是走到王老头子的店门口，就可以看见他在升火，他的桌上有一只盘

1.一种白酒。

子，盘子里堆着雪白、细软的汤圆，用现在我所知道的东西的形状来说，那就有点儿像金字塔。假如要用数学教科书上的名字，那就是正方锥。

王老头子自然是平凡、不足树碑立传的人，不过他的和蔼可亲却是少有。我一听到他的死耗，不禁怅惘追忆，这也就可以证明他是如何捉住儿童们的活泼、无邪的心了。王老头子已死两年，至少做了四五十年的汤圆。在这四五十年中，每天都做尖尖的一盘。这他一生替人们做过多少汤圆哟，我想替他算一算。然而我不能算，因为我不曾留意过那一盘汤圆从顶到底共有多少层，我现在只来说一说，假如知道了它的层数，这总数怎么计算，可作为王老头子的纪念。

二

这类题目的算法，在西洋数学中叫作积弹（Piles of Shot）和拟形数（Figurate munbers），又叫拟形级数（Figurate sreies）。中国叫垛积，旧数学中和它类似的算法，属于"少广"一类。最早见于朱世杰的《四元玉鉴》中茭草形段，如像招数和果垛叠藏各题，后来郭守敬、董祐诚、李善兰这些人的著作中把它讲得更详细。

这里我们先说大家从西洋数学中容易找到的积弹。积弹的计算法，已有一定的公式，因为堆积的方法不同，分为四类：如第一图各层是成正方形的；第二图各层是成正三角形的；第三图是成矩形的。但这三种到顶上都是尖的。第四图各层都成矩形，而顶上是平的。用数学上的名字来说，第一图是正方锥；第二图是正三角锥；第三图侧面是等腰三角形，正面是等腰梯形；第四图侧面和正面都是等腰梯形。

第 一 图

第 二 图

第 三 图

第 四 图

所谓弹积，一般是知道了层数计算总数，在这里且先将各公式写出来。

(1) 设 n 表示层数，也就是王老头子的汤圆底层每边的个数，则汤圆的总数是：

$$S_n = \frac{n(n+1)(2n+1)}{1 \times 2 \times 3}$$

所以，若是王老头子的那盘汤圆有十层，那就是 n 等于10，因此，

$$S_n = \frac{10 \times 11 \times 21}{1 \times 2 \times 3} = 385$$

(2) 若王老头子的汤圆是照第二图的形式堆，那么，

$$S_n = \frac{n(n+1)(n+2)}{1 \times 2 \times 3}$$

所以，他若是也只堆十层，总数便是：

$$S_n = \frac{10 \times 11 \times 12}{1 \times 2 \times 3} = 220$$

(3) 这一种不但和层数有关系，并且与顶上一层的个数也有关系，设顶上一层有 p 个，则

$$S_n = \frac{n(n+1)(3p+2n-2)}{1 \times 2 \times 3}$$

举个例说，若第一层有五个，总共有十层，就是 p 等于5，n 等于10，则

$$S_n = \frac{10 \times 11 \times (3 \times 5 + 2 \times 10 - 2)}{1 \times 2 \times 3} = \frac{10 \times 11 \times 33}{1 \times 2 \times 3} = 605$$

(4) 自然这种和第一层的个数也有关系，而第一层既然也是矩形，它的个数就和这矩形的长、阔两边的个数有关。设顶上一层长边有 a 个，阔边有 b 个，则

$$S_n = \frac{n}{1 \times 2 \times 3} \times \left[6ab + 3(a+b)(n-1) + (n-1)(2n-1) \right]$$

举个例说，若第一层的长边有五个，阔边有三个，总共有十层，就是 a 等于5，b 等于3，n 等于10, 则

$$S_n = \frac{10}{1\times2\times3}\times[6\times5\times3+3\times8\times9+9\times19]=795$$

不用说，已经有公式，只要照它计算出一个总数，是很容易的。不过，我们的问题是这公式是怎样得来的。

要证明这公式，有三种方法。

三

第一就说数学的归纳法的证明。

什么叫数学的归纳法，在堆罗汉中已经说过，这里要证明的第一个公式，也是那篇里已证明过的。为了那些不曾看过那篇的读者，只好简略地说一说所谓数学的归纳法，总共含有三个步骤：

（Ⅰ）就几个特殊的数，发现一个共同的式子。

（Ⅱ）假定这式子对于 n 是对的，而造出一个公式来。

（Ⅲ）设 n 变成了 $n+1$，看这式子的形式是否改变。若不曾改变，那么，这式子就成立了。

因为由（Ⅱ）已经知道这式子关于 n 是对的，关于 $n+1$ 也是对的。而由（Ⅰ）已知它关于几个特殊的数是对的，——其实有一个就够了。不过（Ⅰ）只由一个特殊的数要发现较普遍的公式的形式比较困难——设若关于2是对的，那么关于2加1也是对的。2加1是3，关于3是对的，自然关于3加1"4"也是对的。这样一步一步地往上推，关于4加1"5"，5加1"6"，6加1"7"……就都对了。

以下就用这方法来证明上面的公式：

（1） $S_n = \frac{n(n+1)(2n+1)}{1\times2\times3}$

王老头子的汤圆的堆法,各层都是正方形,顶上一层是一个,第二层一边是二个,第三层一边是三个,第四层一边是四个……这样到第 n 层,一边便是 n 个。而正方形的面积,这是大家都已经知道的,等于一边的长的平方。所以若就各层的个数说,王老头子每夜所做的汤圆便是:

$$S_n = 1^2 + 2^2 + 3^2 + 4^2 + \cdots\cdots n^2$$

第一步我们容易知道:

$$1^2 = \frac{1 \times (1+1) \times (2 \times 1 + 1)}{1 \times 2 \times 3} = 1$$

$$1^2 + 2^2 = \frac{2 \times (2+1) \times (2 \times 2 + 1)}{1 \times 2 \times 3} = 5$$

$$1^2 + 2^2 + 3^2 = \frac{3 \times (3+1) \times (2 \times 3 + 1)}{1 \times 2 \times 3} = 14$$

$$1^2 + 2^2 + 3^2 + 4^2 = \frac{4 \times (4+1) \times (2 \times 4 + 1)}{1 \times 2 \times 3} = 30$$

第二步,我们就假定这式子关于 n 是对的,而得公式:

$$S_n = \frac{n(n+1)(2n+1)}{1 \times 2 \times 3}$$

这就到了第三步,这假定的公式对于 $n+1$ 也对吗? 我们在这假定的公式中,两边都加上 $(n+1)^2$ 这便是 S_{n+1},所以

$$S_{n+1} = S_n + (n+1)^2 = \frac{n(n+1)(2n+1)}{1 \times 2 \times 3} + (n+1)^2$$

$$= \frac{n(n+1)(2n+1) + 6(n+1)^2}{1 \times 2 \times 3}$$

$$= \frac{(n+1)\left[n(2n+1) + 6(n+1)\right]}{1 \times 2 \times 3}$$

$$= \frac{(n+1)\left[2n^2+7n+6\right]}{1\times 2\times 3}$$

$$= \frac{(n+1)(n+2)(2n+3)}{1\times 2\times 3}$$

$$= \frac{(n+1)(\overline{n+1}+1)(2\overline{n+1}+1)}{1\times 2\times 3}$$

这最后的形式和我们所假定的公式完全一样,所以我们的假定是对的。

(2) $S_n = \dfrac{n(n+1)(n+2)}{1\times 2\times 3}$

这公式是用于正三角锥形的,所谓正三角锥形,第一层是一个,第二层是一个加二个,第三层是一个加二个加三个,第四层是一个加二个加三个加四个……这样推下去到第 n 层便是:

$1+2+3+4+\ldots\ldots+n$

而总和便是:

$S_n = 1+(1+2)+(1+2+3)+(1+2+3+4)+\cdots\cdots+(1+2+3+4+\cdots\cdots+n)$

第一步,我们找出,

$$1 = \frac{1\times(1+1)(1+2)}{1\times 2\times 3} = 1,$$

$$1+(1+2) = \frac{2\times(2+1)\times(2+2)}{1\times 2\times 3} = 4,$$

$$1+(1+2)+(1+2+3) = \frac{3\times(3+1)\times(3+2)}{1\times 2\times 3} = 10,$$

$$1+(1+2)+(1+2+3)+(1+2+3+4) = \frac{4\times(4+1)\times(4+2)}{1\times 2\times 3} = 20.$$

第二步, 我们就假定这式子关于 n 是对的, 而得公式:

$$S_n = \frac{n(n+1)(n+2)}{1\times 2\times 3}$$

跟着到第三步, 证明这假定的公式对于 $n+1$ 也是对的, 就是在假定的公式中两边都加上 $1+2+3+4+\cdots\cdots+n+\overline{n+1}$

$$S_{n+1} = S_n + (1+2+3+4+\cdots\cdots+n+\overline{n+1})$$

$$= \frac{n(n+1)(n+2)}{1\times 2\times 3} + (1+2+3+4+\cdots\cdots+n+\overline{n+1})$$

$$= \frac{n(n+1)(n+2)}{1\times 2\times 3} + \frac{(n+1)(\overline{n+1}+1)}{2}$$

$$= \frac{n(n+1)(n+2)}{1\times 2\times 3} + \frac{(n+1)(n+2)}{2}$$

$$= \frac{n(n+1)(n+2)+3(n+1)(n+2)}{1\times 2\times 3}$$

$$= \frac{(n+1)(n+2)(n+3)}{1\times 2\times 3}$$

$$= \frac{(n+1)(\overline{n+1}+1)(\overline{n+1}+2)}{1\times 2\times 3}$$

这最后的形式, 不是和我们所假定的公式的形式一样吗? 可见我们的假定是对的。

(3) $S_n = \dfrac{n(n+1)(3p+2n-2)}{1\times 2\times 3}$

第一步和证明前两个公式的, 没有什么两样, 我们无妨省事一点儿, 将它略去, 只来证明这公式对于 $n+1$ 也是对的。这种堆法, 第一层是 p 个, 第二层是两个 $(p+1)$ 个, 第三层是三个 $(p+2)$ 个……照样推上去, 第 n 层是 n 个 $(p+\overline{n-1})$ 个。所以,

$$S_n = p+2(p+1)+3(p+2)+\cdots\cdots+n(p+\overline{n-1})$$

147

而 $S_{n+1} = p + 2(p+1) + 3(p+2) + \cdots + (n+1)(p+n)$

假定上面的公式关于 n 是对的, 则

$$S_{n+1} = S_n + (n+1)(p+n)$$

$$= \frac{n(n+1)(3p+2n-2)}{1\times2\times3} + (n+1)(p+n)$$

$$= \frac{n(n+1)(3p+2n-2) + 6(n+1)(p+n)}{1\times2\times3}$$

$$= \frac{(n+1)\left[n(3p+2n-2) + 6(p+n)\right]}{1\times2\times3}$$

$$= \frac{(n+1)\left[3np+6p+2n^2+4n\right]}{1\times2\times3}$$

$$= \frac{(n+1)\left[3p(n+2) + 2n(n+2)\right]}{1\times2\times3}$$

$$= \frac{(n+1)(n+2)(3p+2n)}{1\times2\times3}$$

$$= \frac{(n+1)(\overline{n+1}+1)(3p+2\overline{n+1}-2)}{1\times2\times3}$$

不用说, 这最后的形式, 和我们假定的公式完全一样, 我们所假定的公式便是对的。

(4) $S_n = \dfrac{n}{1\times2\times3} \times \left[6ab + 3(a+b)(n-1) + (n-1)(2n-1)\right]$

我们也来假定它关于 n 是对的, 而证明它关于 $n+1$ 也是对的。这种堆法, 第一层是 ab 个, 第二层是 $(a+1)(b+1)$ 个, 第三层是 $(a+2)(b+2)$ 个……照样推上去, 第 n 层便是 $(a+\overline{n-1})(b+\overline{n-1})$ 个, 所以:

$$S_n = ab + (a+1)(b+1) + (a+2)(b+2) + \cdots + (a+\overline{n-1})(b+\overline{n-1})$$

而 $S_{n+1} = ab + (a+1)(b+1) + (a+2)(b+2) + \cdots + (a+\overline{n-1})(b+\overline{n-1})$

$\qquad + (a+n)(b+n)$

假定上面的公式对于 n 是对的,则

$\qquad S_{n+1} = S_n + (a+n)(b+n)$

$$= \frac{n}{1\times 2\times 3} \times \left[6ab + 3(a+b)(n-1) + (n-1)(2n-1) \right] + (a+n)(b+$$

$$= \frac{n\left[6ab + 3(a+b)(n-1) + (n-1)(2n-1) \right] + 6(a+n)(b+n)}{1\times 2\times 3}$$

$$= \frac{\left[n6ab + 6ab \right] + \left[3n(a+b)(n-1) + 6(a+b)n \right] + \left[n(n-1) + (2n-1) + 6n^2 \right.}{1\times 2\times 3}$$

$$= \frac{(n+1)6ab + (a+b)(3n^2+3n) + n(2n^2+3n+1)}{1\times 2\times 3}$$

$$= \frac{(n+1)6ab + (n+1)3(a+b)n + (n+1)n(2n+1)}{1\times 2\times 3}$$

$$= \frac{(n+1)}{1\times 2\times 3} \left[6ab + 3(a+b)n + n(2n+1) \right]$$

$$= \frac{n+1}{1\times 2\times 3} \left[6ab + 3(a+b)(\overline{n+1}-1) + (\overline{n+1}-1)(2\overline{n+1}-1) \right]$$

在形式上,这最后的结果和我们所假定的公式也没有什么分别,可知我们的假定一点儿不差。

四

用数学的归纳法,四个公式都证明了,按理说我们可以心满意足了。但是,仔细一想,这种证明法,巧妙固然巧妙,却有一个大大的困难在里面。

这困难并不在从 S_n 证 S_{n+1} 这第二、第三两步，而在第一步发现我们所要假定的 S_n 的公式的形式。假如别人不曾将这公式提出来，你要从一项、两项、三项、四项……老老实实地相加而发现一般的形式，这虽然不好说不可能，但真是不容易，因此我们再说另外一种找寻这几个公式的方法。

我把这一种方法，叫分项加合法，这是一种知道了一个级数的一般项，而求这级数的 n 项的和的一般的方法。

什么叫级数、算术级数和几何级数，大概早已在你洞鉴之中了。那么，可以更广泛地说，一串数，依次两个两个地有相同的一定的关系存在，这串数就叫级数。比如算术级数每两项的差是相同的、一定的；几何级数每两项的比是相同的、一定的。当然在级数中，这两种算是最简单的，其他的都比较复杂，所以每两项的关系也不易发现。

什么叫级数的一般项？换句话说，就是一个级数的第 n 项。若算术级数的第一项为 a，公差为 d，则一般项为 $a+(n-1)d$；若几何级数的第一项为 a，公比为 r，则一般项为 ar^{n-1}。回到上面讲的弹积法上去，每种都是一个级数，它们的一般项便是：（1） n^2；（2） $\dfrac{n(n+1)}{2}$ 或 $\frac{1}{2}(n^2+n)$；（3） $n(p+\overline{n-1})$ 或 $np+n^2-n$；（4） $(a+\overline{n-1})(b+\overline{n-1})$ 或 $ab+(a+b)(n-1)+(n-1)^2$。

四个一般项除了（1）以外，都可认为是两项以上合成的。在一般项中设 n 为1，就得第一项；设 n 为2，就得第二项；设 n 为3，就得第三项……设 n 为什么数，就得第什么项。所以对于一个级数，倘若能够知道它的一般项，我们要求什么项都可以算出来。

为了写起来便当，我们来使用一个记号，例如

$$S_n=1+2+3+4+\cdots\cdots+n$$

我们就写成 $\sum n$，读作Sigma n。$\sum$ 是一个希腊字母，相当于英文的S。S是英文Sum（和）的第一个字母，所以用 $\sum$ 表示"和"的意思。而 $\sum n$ 便

表示从1起，顺着加2，加3，加4，……一直加到 n 的和。同样地，

$$\sum n(n+1) = 1\cdot 2 + 2\cdot 3 + 3\cdot 4 + 4\cdot 5 + \cdots\cdots + n(n+1)$$

$$\sum n^2 = 1^2 + 2^2 + 3^2 + 4^2 + \cdots\cdots + n^2$$

记好这个符号的用法和上面所说过的各种一般项，就可得出下面的四个式子：

(1)　$S_n = \sum n^2 = 1^2 + 2^2 + 3^2 + 4^2 + \cdots\cdots + n^2$

(2)　$S_n = \sum \dfrac{n(n+1)}{2} = \sum \frac{1}{2}(n^2+n) = \frac{1}{2}n^2 + \sum \frac{1}{2}n$

$\qquad = \dfrac{1}{2}\left(1^2 + 2^2 + 3^2 + \cdots\cdots n^2\right) + \dfrac{1}{2}\left(1 + 2 + 3 + 4 + \cdots\cdots + n\right)$

(3)　$S_n = \sum n(p + \overline{n-1}) = \sum(np + n^2 - n) = \sum np + \sum n^2 - \sum n$

$\qquad = (p + 2p + 3p + \cdots\cdots + np) + (1^2 + 2^2 + 3^2 + \cdots\cdots n^2) -$

$\qquad (1 + 2 + 3 + \cdots\cdots + n)$

(4)　$S_n = \sum\left(a + \overline{n-1}\right)\left(b + \overline{n-1}\right) = \sum\left[ab + (a+b)(n-1) + (n-1)^2\right]$

$\qquad = nab + (a+b)(1 + 2 + \cdots\cdots + \overline{n-1}) + (1^2 + 2^2 + 3^2 + \cdots\cdots \overline{n-1}^2)$

这样一来，我们可以看得很明白，只要将（1）求出，以下的三个就容易了。关于（1）的求法运用数学的归纳法固然可以，即或不然，还可参照下面的方法计算。

我们知道：

$\qquad n^3 = n^3, \qquad\qquad\qquad (n-1)^3 = n^3 - 3n^2 + 3n - 1$

$\qquad \therefore\ n^3 - (n-1)^3 = 3n^2 - 3n + 1$

同样地，　$(n-1)^3 - (n-2)^3 = 3(n-1)^2 - 3(n-1) + 1$

$\qquad\qquad (n-2)^3 - (n-3)^3 = 3(n-2)^2 - 3(n-2) + 1$

• •

$$3^3 - 2^3 = 3 \cdot 3^2 - 3 \cdot 3 + 1$$

$$2^3 - 1^3 = 3 \cdot 2^2 - 3 \cdot 2 + 1$$

$$1^3 - 0^3 = 3 \cdot 1^2 - 3 \cdot 1 + 1$$

若将这 n 个式子左边和左边加拢，右边和右边加拢，便得

$$n^3 = 3(1^2 + 2^2 + 3^2 + \cdots + n^2) - 3(1 + 2 + 3 + \cdots + n) + (1 + 1 + \cdots + 1)$$

但 $1^2 + 2^2 + 3^2 + \cdots + n^2 = S_n$

$$1 + 2 + 3 + \cdots + n = \frac{n(n+1)}{2}$$

$$1 + 1 + 1 + \cdots + 1 = n$$

$$n^3 = 3S_n - \frac{3n(n+1)}{2} + n$$

$$3S_n = n^3 + \frac{3n(n+1)}{2} - n$$

$$= \frac{2n^3 + 3n(n+1) - 2n}{2}$$

$$= \frac{n(2n^2 + 3n + 3 - 2)}{2} = \frac{n(2n^2 + 3n + 1)}{2}$$

$$= \frac{n(n+1)(2n+1)}{2}$$

$$\therefore S_n = \frac{n(n+1)(2n+1)}{1 \times 2 \times 3}$$

这个结果和前面证过的一样，但来路却比较清楚。利用它，(2)(3)(4) 便容易得出来。

(2) $S_n = \sum \frac{1}{2} n^2 + \sum \frac{1}{2} n$

$$= \frac{1}{2}(1^2 + 2^2 + 3^2 + \cdots + n^2) + \frac{1}{2}(1 + 2 + 3 + \cdots + n)$$

$$= \tfrac{1}{2} \cdot \frac{n(n+1)(2n+1)}{1\times2\times3} + \tfrac{1}{2} \cdot \frac{n(n+1)}{2}$$

$$= \tfrac{1}{2} \cdot \frac{n(n+1)(2n+1)+3n(n+1)}{1\times2\times3} = \tfrac{1}{2} \cdot \frac{n(n+1)(2n+1+3)}{1\times2\times3}$$

$$= \tfrac{1}{2} \cdot \frac{n(n+1)(2n+4)}{1\times2\times3} = \frac{n(n+1)(n+2)}{1\times2\times3}$$

(3) $\quad S_n = \sum np + \sum n^2 - \sum n$

$$= (1+2+3+\cdots+n)p + (1^2+2^2+3^2+\cdots+n^2) - (1+2+3+\cdots+n)$$

$$= \frac{n(n+1)p}{2} - \frac{n(n+1)}{2} + \frac{n(n+1)(2n+1)}{1\times2\times3}$$

$$= \frac{3n(n+1)(p-1)+n(n+1)(2n+1)}{1\times2\times3}$$

$$= \frac{n(n+1)(3p-3+2n+1)}{1\times2\times3}$$

$$= \frac{n(n+1)(3p+2n-2)}{1\times2\times3}$$

(4) $\quad S_n = nab + (a+b)(1+2+\cdots\cdots+\overline{n-1}) + (1^2+2^2+3^2+\cdots\cdots\overline{n-1^2})$

$$= nab + \frac{(n-1)n(a+b)}{2} + \frac{(n-1)n(2\overline{n-1}+1)}{1\times2\times3}$$

$$= \frac{1}{1\times2\times3}\Big[6nab + 3(n-1)n(a+b) + (n-1)n(2n-1)\Big]$$

$$= \frac{n}{1\times2\times3}\Big[6ab + 3(a+b)(n-1) + (n-1)(2\overline{n-1})\Big]$$

五

　　前一种证明法，来得自然有根源，不像用数学的归纳法那样突兀。但还有一点，不能使我们满意，不是吗？每个式子的分母都是 $1\times2\times3$，就前面的证明看来，明明只应当是 2×3，为什么要写成 $1\times2\times3$ 呢？这一点，若再用其他方法来寻求这些公式，那就可以恍然大悟了。

这一种方法可以叫作差级数法。所谓拟形级数，不过是差级数法的特别情形。

怎样叫差级数？算术级数就是差级数中最简单的一种，例如1, 3, 5, 7, 9……这是一个算术级数，因为

$$3-1=5-3=7-5=9-7=\cdots\cdots=2$$

但是，王老头子的汤圆的堆法，从顶上一层起，顺次是1, 4, 9, 16, 25……各各两项的差是，

$$4-1=3, \quad 9-4=5, \quad 16-9=7, \quad 25-16=9\cdots\cdots$$

这些差全不相等，所以不能算是算术级数，但是这些差3, 5, 7, 9……的每两项的差却都是2。

再如第二种三角锥的堆法，从顶上起，各层的个数依次是1, 3, 6, 10, 15, 各各两项的差是，

$$3-1=2, \quad 6-3=3, \quad 10-6=4, \quad 15-10=5\cdots\cdots$$

这些差也全不相等，所以不是算术级数，不过它和前一种一样，这些差数依次两个的差是相等的，都是1。

我们来另找个例，如 1^3, 2^3, 3^3, 4^3, 5^3, 6^3……这些数立方之后便是1, 8, 27, 64, 125, 216……而，

（Ⅰ）

$$8-1=7, \quad 27-8=19, \quad 64-27=37, \quad 125-64=61, \quad 216-125=91\cdots\cdots$$

（Ⅱ）

$$19-7=12, \quad 37-19=18, \quad 61-37=24, \quad 91-61=30\cdots\cdots$$

（Ⅲ）

$$18-12=6, \quad 24-18=6, \quad 30-24=6\cdots\cdots$$

这是到第三次的差才相等的。

再来举一个例子，如2，20，90，272，650，1332······

（Ⅰ）

$20-2=18, \quad 90-20=70, \quad 272-90=182, \quad 650-272=378,$
$1332-650=682$······

（Ⅱ）

$70-18=52, \quad 182-70=112, \quad 378-182=196, \quad 682-378=304$······

（Ⅲ）

$112-52=60, \quad 196-112=84, \quad 304-196=108$······

（Ⅳ）

$84-60=24, \quad 108-84=24$······

这是到第四次的差才相等的。

像这些例一般的一串数，照上面的方法一次一次地减下去，终究有一次的差是相等的，这一串数就称为差级数，第一次的差相等的叫一次差级数，第二次的差相等的叫二次差级数，第三次的差相等的叫三次差级数，第四次的差相等的叫四次差级数······第 r 次的差相等的叫 r 次差级数。算术级数就是一次差级数，王老头子的一盘汤圆，各层就成一个二次差级数。

所谓拟形数就是差级数中的特殊的一种，它们相等的差才是1。这是一件很有趣味的东西。法国的大数学家布莱士·帕斯卡（Blaise Pascal）在他1665年发表的《算术的三角论》（Traité du triangle arithmétique）中，就记述了这种级数的作法，他作了如后的一个三角形。

这个三角形仔细玩赏一下，趣味非常丰富。它对于从左上向右下的这条对角线是对称的，所以横着一排一排地看，和竖着一行一行地看，全是一样。

```
1    1    1    1    1    1    1    1    1    1……
1    2    3    4    5    6    7    8    9……
1    3    6    10   15   21   28   36……
1    4    10   20   35   56   84……
1    5    15   35   70   126……
1    6    21   65   126……
1    7    28   84……
1    8    36……
1    9……
1……
```

它的作法是：（Ⅰ）横、竖各写同数的1。（Ⅱ）将同行的上一数和同排的左一数相加，便得本数。即

$1+1=2$，$1+2=3$，$1+3=4\cdots2+1=3$，$3+3=6\cdots3+1=4$，$6+4=10\cdots$

$4+1=5$，$10+5=15\cdots5+1=6$，$15+6=21\cdots6+1=7$，$21+7=28\cdots$

$7+1=8$，$28+8=36\cdots8+1=9\cdots$

由这个作法，我们很容易知道它所包含的意味。就竖行说（自然横排也一样），从左起，第一行是相等的差，第二行是一次差级数，每两项的差都是1。第三行是二次差级数，因为第一次的差就是第一行的各数。第四行是三次差级数，因为第一次的差就是第三行的各数，而第二次的差就是第二行的各数。同样地，第五行是四次差级数，第六行是五次差级数……

这种玩意儿的性质，布莱士·帕斯卡有过不少的研究，他曾用这个算术三角形讨论组合，又用它发现许多关于概率的有趣味的东西。

上面已经说过了，王老头子的一盘汤圆，各层正好成一个二次差级数。倘若我们能够知道计算一般差级数的和的公式，岂不是占了大大的便宜了吗？

对，我们就来讲这个。让我们偷学布莱士·帕斯卡来作一个一般差级

数的三角形。

差，英文是difference，和用S代Sum一般，如法炮制就用d代difference。本来已够用了，然而我们还可以更别致一些，用一个相当于d的希腊字母△来代。设差级数的一串数为u_1，u_2，u_3……第一次的差为Δu_1，Δu_2，Δu_3……第二次的差为$\Delta_2 u_1$，$\Delta_2 u_2$，$\Delta_2 u_3$……第三次的差为$\Delta_3 u_1$，$\Delta_3 u_2$，$\Delta_3 u_3$……这样一来，就得下面的三角形。

$$u_1, \quad u_2, \quad u_3, \quad u_4, \quad u_5, \quad u_6\cdots\cdots$$
$$\Delta u_1, \quad \Delta u_2, \quad \Delta u_3, \quad \Delta u_4, \quad \Delta u_5\cdots\cdots$$
$$\Delta_2 u_1, \quad \Delta_2 u_2, \quad \Delta_2 u_3, \quad \Delta_2 u_4\cdots\cdots$$
$$\Delta_3 u_1, \quad \Delta_3 u_2, \quad \Delta_3 u_3\cdots\cdots$$
$$\cdots\cdots\cdots\cdots$$

这个三角形的构成，实际上说，非常简单，下一排的数，总是它上一排的左右两个数的差，即：

$$\Delta u_1 = u_2 - u_1, \qquad \Delta u_2 = u_3 - u_2, \qquad \Delta u_3 = u_4 - u_3, \cdots\cdots$$

$$\Delta_2 u_1 = \Delta u_2 - \Delta u_1, \qquad \Delta_2 u_2 = \Delta u_3 - \Delta u_2, \qquad \Delta_2 u_3 = \Delta u_4 - \Delta u_3, \cdots\cdots$$

$$\Delta_3 u_1 = \Delta_2 u_2 - \Delta_2 u_1, \quad \Delta_3 u_2 = \Delta_2 u_3 - \Delta_2 u_2, \quad \Delta_3 u_3 = \Delta_2 u_4 - \Delta_2 u_3, \cdots\cdots$$

加法可以说是减法的还原，因此由上面的关系，便可得出：

$$u_2 = u_1 + \Delta u_1 \quad (1) \qquad \Delta u_2 = \Delta u_1 + \Delta_2 u_1, \, u_3 = u_2 + \Delta u_2$$

$$\therefore \ u_3 = (u_1 + \Delta u_1) + (\Delta u_1 + \Delta_2 u_1) = u_1 + 2\Delta u_1 + \Delta_2 u_1 \quad (2)$$

照样地，第二排当作第一排，第三排当作第二排，便可得：

$$\Delta u_3 = \Delta u_1 + 2\Delta_2 u_1 + \Delta_3 u_1$$

$$u_4 = u_3 + \Delta u_3 = (u_1 + 2\Delta u_1 + \Delta_2 u_1) + (\Delta u_1 + 2\Delta_2 u_1 + \Delta_3 u_1)$$

$$= u_1 + 3\Delta u_1 + 3\Delta_2 u_1 + \Delta_3 u_1. \quad (3)$$

把（1）（2）（3）三个式子一比较，左边各项的数系数是1,1；1,2,1；1,3,3,1，这恰好相当于二项式$(a+b) = a+b$，$(a+b)^2 = a^2 + 2ab + b^2$，$(a+b)^3 = a^3 + 3a^2 b + 3ab^2 + b^3$，各展开式中各项的系数。根据这个事实，依

照数学的归纳法的步骤，我们无妨走进第二步，假定推到一般，而得出：

$$u_{n+1} = u_1 + n\Delta u_1 + \frac{n(n-1)}{1\times 2}\Delta_2 u_1 + \cdots\cdots$$

$$+ \frac{n(n-1)\cdots\cdots(n-r+1)}{1\times 2\times 3\times\cdots\cdots\times r}\Delta_r u_1 + \cdots\cdots + \Delta_n u_1$$

照前面的样子，把第 $n+1$ 排作第一排，第 $n+2$ 排作第二排，便可得：

$$\Delta u_{n+1} = \Delta u_1 + n\Delta_2 u_1 + \frac{n(n-1)}{1\times 2}\Delta_3 u_1 + \cdots\cdots$$

$$+ \frac{n(n-1)\cdots\cdots(n-r+2)}{1\times 2\times 3\times\cdots\cdots\times(r-1)}\Delta_r u_1 + \cdots\cdots + \Delta_{n+1} u_1$$

将这两个式子相加，很巧就得：

$$u_{n+2} = u_{n+1} + \Delta u_{n+1}$$

$$= u_1 + (n+1)\Delta u_1 + \left[\frac{n(n-1)}{1\times 2} + n\right]\Delta_2 u_1 + \cdots\cdots$$

$$+ \left[\frac{n(n-1)\cdots\cdots(n-r+1)}{1\times 2\times 3\times\cdots\cdots\times r} + \frac{n(n-1)\cdots\cdots(n-r+2)}{1\times 2\times 3\times\cdots\cdots\times(r-1)}\right]\Delta_r u_1 + \cdots\cdots + \Delta_{n+1} u_1$$

但 $\dfrac{n(n-1)}{1\times 2} + n = \dfrac{n(n-1)+2n}{1\times 2} = \dfrac{n^2+n}{1\times 2} = \dfrac{(n+1)n}{1\times 2} = \dfrac{(n+1)\overline{(n+1-1)}}{1\times 2}$

$$\frac{n(n-1)\cdots\cdots(n-r+1)}{1\times 2\times 3\times\cdots\cdots\times r} + \frac{n(n-1)\cdots\cdots(n-r+2)}{1\times 2\times 3\times\cdots\cdots\times(r-1)}$$

$$= \frac{n(n-1)\cdots(n-r+2)(n-r+1+r)}{1\times 2\times 3\times\cdots\cdots\times r}$$

$$= \frac{(n+1)n(n-1)\cdots(n-r+2)}{1\times 2\times 3\times\cdots\cdots\times r}$$

$$= \frac{(n+1)\overline{(n+1-1)}\,\overline{(n+1-2)}\cdots\overline{(n+1+r+1)}}{1\times 2\times 3\times\cdots\cdots\times r}$$

$$\therefore \quad u_{n+2} = u_1 + (n+1)\Delta u_1 + \frac{(n+1)(\overline{n+1}-1)}{1\times 2}\Delta_2 u_1 + \cdots\cdots$$

$$+ \frac{(n+1)(\overline{n+1}-1)(\overline{n+1}-2)\cdots(\overline{n+1}-r+1)}{1\times 2\times 3\times\cdots\cdots\times r}\Delta_r u_1 + \cdots + \Delta_{n+1}u_1$$

这不是已将数学的归纳法的三步走完了吗? 可见我们假定对于 n 的公式若是对的, 那么, 它对于 $n+1$ 也是对的。而事实上它对于 1, 2, 3, 4 等都是对的, 可见得它对于 6, 7, 8……也是对的, 所以推到一般都是对的。倘若你还记得我们讲组合——见棕榄谜——时所用的符号, 那么就可将这公式写得更简明一点:

$$u_n = u_1 + C_1^n \Delta u_2 + C_2^n \Delta_2 u_1 + C_3^n \Delta_3 u_1 + \cdots \Delta_{n+1} u_1$$

这个式子所表示的是什么, 你可知道? 它就是用差级数的第一项, 和各次差的第一项, 表出这差级数的一般项。假如王老头子的那一盘汤圆总共堆了十层, 因为, 这差级数的第一项 u_1 是 1, 第一次差的第一项 Δu_1 是 3, 第二次差的第一项 $\Delta_2 u_1$ 是 2 , 第三次以后的 $\Delta_3 u_1$, $\Delta_4 u_1$ 都是 0, 所以第十层的汤圆的个数便是:

$$u_{10} = 1 + (10-1)\times 3 + \frac{(10-1)(10-2)}{1\times 2}\times 2 = 1 + 27 + 72 = 100$$

这个得数谁也用不到怀疑, 王老头子的那盘汤圆的第十层, 正是每边十个的正方形, 总共恰好一百个。

我们要求的原是计算差级数和的公式, 现在跑这野马干什么?

别着急! 朋友! 就来了! 再弄一个小小的戏法, 保管你心满意足。

我们在前面差级数三角形的顶上加一串数 υ_1, υ_2, υ_3, ……υ_n, υ_{n+1} 不过就是胡乱写些数, 它们每两项的差, 就是 u_1, u_2, u_3……u_n。这样一来, 它们便是 $n+1$ 次差级数, 而第一次的差为,

$$\upsilon_2 - \upsilon_1 = u_1 \quad , \quad \upsilon_3 - \upsilon_2 = u_2 \quad , \quad \upsilon_4 - \upsilon_3 = u_3 \quad , \quad \cdots\cdots \upsilon_n - \upsilon_{n-1} = u_{n-1} \quad ,$$

$$\upsilon_{n+1} - \upsilon_n = u_n$$

若是我们惠而不费地将 υ_{n+1} 点缀得富丽堂皇些，无妨将它写成下面的样子，

$$\upsilon_{n+1} = \upsilon_{n+1} - \upsilon_n + \upsilon_n - \upsilon_{n-1} + \cdots\cdots + \upsilon_2 - \upsilon_1 + \upsilon_1$$

$$= (\upsilon_{n+1} - \upsilon_n) + (\upsilon_n - \upsilon_{n-1}) + \cdots\cdots + (\upsilon_2 - \upsilon_1) + \upsilon_1$$

假使造这串数的时候，取巧一点，υ_1 就用0，那么，便得：

$$\upsilon_{n+1} = (\upsilon_{n+1} - \upsilon_n) + (\upsilon_n - \upsilon_{n-1}) + \cdots\cdots + (\upsilon_2 - \upsilon_1)$$

$$= u_n + u_{n-1} + \cdots\cdots + u_1$$

所以若用求一般项的公式来求 υ_{n+1} 得出来的便是 $u_1 + u_2 + u_3 + \cdots\cdots + u_n$ 的和。但就公式说，这个差级数中，$u_1 = 0$，$\Delta u_1 = u_1$，$\Delta_2 u_1 = \Delta u_1$，$\cdots\cdots$ $\Delta_{n+1} u = \Delta_n u_1$，

$$\therefore \upsilon_{n+1} = 0 + C_1^{n+1} u_1 + C_2^{n+1} \Delta u_1 + \cdots\cdots + \Delta_n u_1$$

这个戏法总算没有变差，由此我们就知道：

$$S_n = u_1 + u_2 + \cdots\cdots + u_n = C_1^{n+1} u_1 + C_2^{n+1} \Delta u_1 + \cdots\cdots + \Delta_n u_1.$$

假如照用惯了的算术级数的样儿将 a 代第一项，d 代差，并且不用组合所用的符号 C_r^n，那么 n 次差级数 n 项的和便是：

$$S_n = na + \frac{n(n-1)}{1 \times 2} d_1 + \frac{n(n-1)(n-2)}{1 \times 2 \times 3} d_2$$

$$+ \frac{n(n-1)(n-2)(n-3)}{1 \times 2 \times 3 \times 4} d_3 + \cdots\cdots.$$

有了这公式，我们就回头去解答王老头子的那一盘汤圆，它是一个二次差级数，对于这公式说：$a = 1$，$d_1 = 3$，$d_2 = 2$，$d_3 = d_4 = \cdots\cdots = 0$.

$$\therefore S_n = n \times 1 + \frac{n(n-1)}{1 \times 2} \times 3 + \frac{n(n-1)(n-2)}{1 \times 2 \times 3} \times 2$$

$$= n + \frac{3n(n-1)}{1 \times 2} + \frac{2n(n-1)(n-2)}{1 \times 2 \times 3}$$

$$= n \times \left[1 + \frac{3(n-1)}{1 \times 2} + \frac{2(n-1)(n-2)}{1 \times 2 \times 3} \right.$$

$$= n \times \frac{6 + 9(n-1) + 2(n-1)(n-2)}{1 \times 2 \times 3}$$

$$= n \times \frac{2n^2 + 3n + 1}{1 \times 2 \times 3} = \frac{n(n+1)(2n+1)}{1 \times 2 \times 3}$$

第二种三角锥的堆法，前面也已说过，仍是一个二次差级数，对于这公式，$a = 1$，$d_1 = 2$，$d_2 = 1$，$d_3 = d_4 = \cdots\cdots = 0$。

$$\therefore \quad S_n = n \times 1 + \frac{n(n-1)}{1 \times 2} \times 2 + \frac{n(n-1)(n-2)}{1 \times 2 \times 3} \times 1$$

$$= n + \frac{2n(n-1)}{1 \times 2} + \frac{n(n-1)(n-2)}{1 \times 2 \times 3}$$

$$= n \times \left[1 + \frac{2(n-1)}{1 \times 2} + \frac{(n-1)(n-2)}{1 \times 2 \times 3} \right]$$

$$= n \times \frac{6 + 6(n-1) + (n-1)(n-2)}{1 \times 2 \times 3}$$

$$= n \times \frac{n^2 + 3n + 2}{1 \times 2 \times 3} = \frac{n(n+1)(n+2)}{1 \times 2 \times 3}$$

至于第三种堆法，它各层的个数及各次的差是，

$$p, 2(p+1), 3(p+2), 4(p+3), \cdots\cdots$$

$$p + 2, p + 4, p + 6, \cdots\cdots$$

$$2, \quad 2, \cdots\cdots\cdots\cdots$$

也是一个二次差级数，$u_1 = p$, $d_1 = p + 2$, $d_2 = 2$, $d_3 = d_4 = \cdots\cdots = 0$

$$\therefore S_n = np + \frac{n(n-1)}{1 \times 2} \times (p+2) + \frac{n(n-1)(n-2)}{1 \times 2 \times 3} \times 2$$

$$= n \times \left[p + \frac{(n-1)(p+2)}{1 \times 2} + \frac{2(n-1)(n-2)}{1 \times 2 \times 3} \right]$$

$$= n \times \frac{6p + 3(n-1)(p+2) + 2(n-1)(n-2)}{1 \times 2 \times 3}$$

$$= n \times \frac{2n^2 - 2 + 3np + 3p}{1 \times 2 \times 3} = n \times \frac{(n+1)(2n-2) + (n+1)3p}{1 \times 2 \times 3}$$

$$= \frac{n(n+1)(3p+2n-2)}{1\times 2\times 3}$$

最后, 再把这个公式运用到第四种堆法, 它的每层的个数以及各次的差是这样的:

$$ab, \quad (a+1)(b+1), \quad (a+2)(b+2), \quad (a+3)(b+3)\cdots\cdots$$

$$(a+b)+1, \quad (a+b)+3, \quad (a+b)+5\cdots\cdots$$

$$2 \qquad\qquad 2 \qquad\qquad \cdots\cdots$$

所以也是一个二次差级数, 就公式说, $u_1 = ab$, $\Delta u_1 = (a+b)+1$,

$\Delta u_2 = 2$, $\Delta u_3 = \Delta u_4 = \cdots\cdots = 0$

$$\therefore \ Sn = nab + \frac{n(n-1)}{1\times 2}\big[(a+b)+1\big] + \frac{n(n-1)(n-2)}{1\times 2\times 3}\times 2$$

$$= n\times\left\{ab + \frac{(n-1)\big[(a+b)+1\big]}{1\times 2} + \frac{2(n-1)(n-2)}{1\times 2\times 3}\right\}$$

$$= n\times \frac{6ab + 3(n-1)(a+b) + 3(n-1) + 2(n-1)(n-2)}{1\times 2\times 3}$$

$$= \frac{n}{1\times 2\times 3}\times\big[6ab + 3(a+b)(n-1) + 2n^2 - 3n + 1\big]$$

$$= \frac{n}{1\times 2\times 3}\times\big[6ab + 3(a+b)(n-1) + (n-1)(2n-1)\big]$$

用差级数的一般求和的公式, 将我们开头提出的四个公式都证明了。这种证明真可以算是无疵可指, 就连最后分母中那事实上无关痛痒的 $1\times 2\times 3$ 中的1也给了它一个详细说明。这种证法, 不但有这一点点的好处, 由上面的经过看来, 我们所提出的四个公式, 全都是这差级数求和的公式的运用。因此只要我们已彻底地了解了它, 这四个公式就不值一顾了, 数学的理论的发展, 永远是霸道横行, 后来居上的。

六

一开头曾经提到我们的老前辈朱世杰先生，这里就以他老人家的功绩来作结束。上面我们只提到四种堆法，已闹得满城风雨，借用了许多法宝，才达到心安理得的地步。然而在朱老先生的大著《四元玉鉴》中，"茭草形段"只有七题，"如像招数"只有五题，"果垛叠藏"虽然多一些，也只有二十题，总共不过三十二题。他所提出的堆垛法有些名词却很别致，现在列举在下面，至于各种求和的公式，那不用说，当然可依样画葫芦地证明了。

(1) 落一形——就是三角锥形。

(2) 刍薨垛——就是前面第三种堆法。

(3) 刍童垛——就是矩形截锥台。

(4) 撒星形——三角落一形——就是1，$(1+3)$，$(1+3+6)$……

$$\left[1+3+6+...+\frac{n(n+1)}{2}\right]$$

$$S_n = \frac{1}{24}n(n+1)(n+2)(n+3)$$

（5）四角落一形——就是 $1^2, (1^2+2^2)$, $(1^2+2^2+3^2)$, ……

$$(1^2+2^2+......+n^2)$$

$$S_n = \frac{1}{12}n(n+1)^2(n+2)$$

（6）岚峰形——就是 1，$(1+5)$，$(1+5+12)$ …

$$\left[1+5+12+...+\frac{n(3n-1)}{2}\right]$$

$$S_n = \frac{1}{24}n(n+1)(n+2)(3n+1)$$

（7）三角岚峰形——岚峰更落一形——就是 $1 \cdot 1$，$2(1+3)$，

$3(1+3+6)$ ……$n\left[1+3+6+...+\dfrac{n(n+1)}{2}\right]$

$$S_n = \dfrac{1}{120}n(n+1)(n+2)(n+3)(4n+1)$$

（8）四角岚峰形——就是 $1 \cdot 1^2$，$2(1^2+2^2)$，$3(1^2+2^2+3^2)$，……

$n(1^2+2^2+3^2+……+n^2)$

$$S_n = \dfrac{1}{120}n(n+1)(n+2)(8n^2+11n+1)$$

（9）撒星更落一形——就是 1，$(1+4)$，$(1+4+10)$ ……

$\left[1+4+10+...+\dfrac{n(n+1)(n+2)}{6}\right]$

$$S_n = \dfrac{1}{120}n(n+1)(n+2)(n+3)(n+4)$$

（10）三角撒星更落一形——就是 1，$(1+5)$，$(1+5+15)$，……

$\left[1+5+15+...+\dfrac{n(n+1)(n+2)(n+4)}{24}\right]$

$$S_n = \dfrac{1}{720}n(n+1)(n+2)(n+3)(n+4)(n+5).$$

11 假如我们有十二根手指

一

记得大约十年前，上海风行过一种画报，这画报上每期刊载一页马浪荡改行。马浪荡是一个浪荡子，在上海滩上无论啥行道他都做过，一种行道失败了，混不下去，就换一种。有一次他去当拍卖行的伙计，高高地坐在台上，一个买客，是每只手有六根指头的，伸着两手表示他对某件东西出十块钱。马浪荡见到十二根指头，便以为他说的是十二块，高高兴兴地卖了，记下账来。到收钱的时候，那人只出十块，马浪荡的老板照账硬要十二块，争执得无可了结，叫马浪荡赔两块了事，马浪荡又是一次失败。

我常常会想起这个故事，因为我常常见到大家伸起手指头表示他们所说的数，一根指头表示一，两根指头表示二，三根指头表示三……这非常自然。两只手没有一秒钟不跟随着人，手指头又是伸屈极灵便的机械，若不利用它们表数，岂不辜负了它们！

但有时我又想，我们有这十个小把戏，固然得了不少的便宜，可是我们未尝不吃亏。人的文明大半是靠这十个小把戏产生出来的。假如我们不满意现代的文明的话，仔细一思量，就不免要归罪于它们了。别的不必说，假如这小把戏和小把戏中间，也和鸭儿的脚板一样，生得有些薄皮，游起来就便利得多。不但如此，有酒没有酒杯的当儿，窝着手心当酒杯，也可以滴酒不漏。话虽如此，这只是空想，在我们的生活中，有些地方便受它们的拘束。最明白而简单的例子，就是我们的记数法。马浪荡的买客，伸出手来，既然有十二根指头，马浪荡认他所表示的是十二，这是极合理的。伸出两只手表示一十，本来是因为只有十根指头的缘故。假如我们每个人都有十二根手指头，当然不肯特别优待两个，伸出两只手还只表示到一十就心满意足。

两只手有十根指头，便用它们来表十，原来不过因为取携便当，岂料这一来，我们的记数法就受到了限制，我们都只知道"一而十，十而百，百而千，千而万……"满了十就进一位，我们还觉得只有这"十进法"最便利。其实这全是喜欢利用十根手指头反而受了它们束缚的缘故。假如你看着你的弟弟妹妹们用手指算二加二得四，你觉得他们太愚笨、太可笑。那么，你觉得十进记数法最便利同样是愚笨、可笑。

假如我们有十二根手指表示数，我们不是可以用十二进位记数法吗？

假如你觉得十进法比五进法便当，你能不承认十二进法比十进法便当吗？——自然要请你不可记着你只有十根手指头。

我们且先来探索一下记数法的情形，然后再看假如我们有十二根手指头，用了十二进位法，我们的数的世界和数学的世界将有怎样的不同。我一再说假如我们有十二根手指头，用十二进位法，所以要如此。因为没有十二根手指头，就不会使用十二进位法。人只是客观世界的反射镜，不能离开客观世界产生什么文明。

混沌未开，黑漆一团的时代，无所谓数，因为"一"虽是数的老祖宗，但倘若它无嗣而终，数的世界是无法成立的。数的世界的展开至少要有"二"。假如我们的手是和马蹄一样的，伸出来只能表示"二"，我们当然只能利用二进法记数。但二进法记数，实在有点儿滑稽。第一，我们既只能知道二，记起数来就不能有三位；第二，在个位满二就得记成上一位的一。这么一来，我们除了写一个"1"来记一，一个"1"后面跟上一个零来记"二"，

并排写个"1"来记"三"，再没有什么能力了。数的世界不是仍然很简单
吗？

　　若是我们还知道"三"，自然可以用三进法而且用三位记数，那我们可
记的数便有二十六个：

1…一

2…二

10…三

11…四

12…五

20…六

21…七

22…八

100…九

101…十

102…十一

110…十二

111…十三

112…十四

120…十五

121…十六

122…十七

200…十八

201…十九

202…二十

210…二十一

211…二十二

212…二十三

220…二十四

221…二十五

222…二十六

由三而四，用四进法，四位数，我们可记的数，便有二百五十五个，数的世界便比较繁荣了。但事实上，我们并不曾找到过用二进法、三进法或四进法记数的事例。这个理由自然容易说明，数是抽象的，实际运用的时候，需要具体的东西来表出，然而无论"近取诸身，远取诸物"，不多不少恰好可以表示，而且易于取用的东西实在没有。我们对于数的辨认从附属在自家身上的东西开始，当然更是轻而易举。于是，我们首先就会注意到手。一只手有五根指头，五进法便应运而生了。就是在所谓二十世纪的现在，我们从"野蛮人"中——其实世上本无所谓野蛮，只是他们的生活不需要如我们所有的文化罢了。——还可以见到五进记数法的事实。本来五进记数法，用到五位，已可记出三千一百二十四个数，不用说生活简单的"野蛮人"也已够用。就是在我们日常生活中，三千以上的数也不大能用到，不是吗？一块洋钱兑三百一十二个铜元，也不过是三千一百二十个小钱，而用大单位将数记小，这点聪明，我们还是有的。你闭着眼睛想一想，你在日常生活中所用得到的数，有多少是千以上的？

既然知道用一只手的五根指头表数，因而产生五进记数法，进一步产生十进记数法，这对于我们的老祖宗们来说，大概不会碰到什么艰难困苦的。两只手是上帝造人的时候就安排好的呀！

既然可以用十根手指头表示数，因而产生十进法，两只脚也有十根指头，为什么不会一股脑儿用进去产生二十进法呢？

二十进法是有的，现在在热带生活的人们，就有这种办法，这种办法只存在于热带，很显然是因为那里的人赤着脚的缘故。像我们终年穿着袜子的人，使用脚指头自然不便当了。这就是十进记数法能够征服我们的缘故。倘若我们能够像近年来暑天中的"摩登狗儿"一样赤着脚走，我敢预言若干年后一定会来一次记数革命。

二十进法，不但在现在热带地区可以找到，从各国的数字中也可以得到很好的证明。如法国人，二十叫vingt；八十叫quatre.vingts，便是四个二十；而九十叫quatae-vingt-dix，便是四个二十加十，这都是现在通用的。至于古代，还有six-vingts，六个二十叫一百二十；quinze-vingts，十五个二十叫三百。这些都是二十进法的遗迹。又如意大利的数字，二十叫venti，这和三十trenta、四十qnaranta、五十cinquanta也有着显然的区别：第一，三十、四十、五十等都是从三tre、四quattre、五cinque等来的，而二十却与二due无关系；第二，三十、四十、五十等的收声都是ta，而二十的收声却是ti。由这些比较也可以看出在意大利也有二十进法的痕迹。

五进法、十进法、二十进法都可用指头来说明它们的起源，但我们现在还使用的数中，却有一种十二进法，不能同等看待。铅笔一打是十二支，肥皂一打是十二块，一尺有十二寸，重量的一磅有十二两，货币的一先令有十二便士，乃至于一年有十二个月，一日是十二时，——西洋各国虽用二十四小时，但钟表上还只用十二，——这些都是实际上用到的。再将各国的数字构造比较一下，更可以显然地看出有十二进法的痕迹，且先将英、法、德、意四国从一到十九，十九个数抄在下面：

英 one two three four five six seven eight nine ten eleven twelve thirteen fourteen fifteen sixteen seventeen eighteen nineteen.

法 un deux trios guatre cinqne six sept huit neuf dix onze douze treize quatorze quinze seize dix-sept dix-huit dix-neuf.

德 eins zwei drei vier fünf sechs sieben acht neun zehn elf zwölf dreizehn vierzehn fünfzehn sechzehn siebzehn achtzehn neunzehn

意 uno due tre quattro cinque sei sette otto nove dieci imdici dodici tredici guattordici quindici sedici diciassette diciotto diciannove

将这四种数字比较一下,可以看出几个事实:

(1)在英文中,一到十二,这十二个数字是独立的,十三以后才有一个划一的构成法,但这构成法和二十以后的数不同。

(2)在法文中,从一到十,这十个数字是独立的。十一到十六是一种构成法,十七以后又是一种构成法,这构成法却和二十以后的数相同。

(3)德文和英文一样。

(4)意文和法文一样。

原来就语言的系统说,法、意同属于意大利系,英、德同属于日耳曼系,渊源本不相同。语言原可说是生活的产物,由此可看出欧洲人古代所用的记数法有很大的差别。十进法、十二进法、二十进法,也许还有十六进法——中国不是也有十六两为一斤吗?倘使再将其他国家的数字来比较一下,我想一定还可以发现这几种进位法的痕迹。

所以,倘若我们有十二根手指头的话,采用十二进法一定是必然的。就已成的习惯看来,十进法已统一了“文明人”的世界,而十二进法还可以立足,那么十二进法一定有它非存在不可的原因。这原因是什么?依我的假想是从天文上来的,而和圆周的分割有关系。法国大革命后改用米制[1],所有度量衡,乃至于圆弧都改用十进法。但度量衡法,虽经各国采用,认为极符合胃口,而圆弧法是敌不过含有十二进位的六十分法。这就可以看出十二进法有存在的必要。——详细地解说,这里不讲,我还想写一篇关于各种单位的起源的话,在那里再说。——天文在人类文化中是出现很早的,这因为在自然界中昼夜、寒暑的变化,最使人类惊异,又和人类的生活关系最密切的缘故。所以倘使我们有十二根手指头,采用十二进法记数,那一

1.这种制度是十进位制,完全以“米”为基础,因此得名为“米制”。

定没有十进法记数立足的余地，我们对数的世界才能真正地有一个完整的认识。

二

倘若我们用了十二进法记数，数的世界将变成一个怎样的局面呢？

先来考察一下我们已用惯了的十进记数法是怎样一回事，为了便当，我们分成整数和小数两项来说。

例如：三千五百六十四，它的构成是这样的：

$$3564 = 3000 + 500 + 60 + 4$$
$$= 3 \times 1000 + 5 \times 100 + 6 \times 10 + 4$$
$$= 3 \times 10^3 + 5 \times 10^2 + 6 \times 10 + 4$$

用 $a_1, a_2, a_3, a_4 \cdots \cdots$ 来表示基本数字，进位的标准数（这里就是十），我们叫它是底数，用r表示。由这个例子看起来一般的数的记法便是：

一位：$a_1, a_2, a_3 \cdots \cdots$

二位：$a_1 r + a_1$，$a_1 r + a_2 \cdots \cdots a_2 r + a_1$，$a_3 r + a_2 \cdots \cdots$

三位：$a_1 r^2 + a_1 r^2 + a_1$，$a_2 r^2 + a_2 r + a_1$；$a_3 r^2 + a_2 r + a_3 \cdots \cdots$

四位：$a_1 r^2 + a_1 r^2 + a_1 r + a_1$　　$a_2 r^3 + a_1 r^2 + a_1 r + a_2 \cdots \cdots$

　　　　$a_1 r^3 + a_2 r^2 + a_3 r + a_4$　　$a_1 r^3 + a_2 r^2 + a_3 r + a_2 \cdots \cdots$

在这里有一点虽是容易明白，但却需注意，这就是数字 $a_1, a_2, a_3 \cdots \cdots$ 的个数，连0算进去应当和r相等，所以有效数字的个数比r少一。在十进法中便只有1，2，3，4，5，6，7，8，9九个；在十二进法中便有1，2，3，4，5，6，7，8，9，t（10），e（11）十一个。

为了和十进法的十、百、千易于区别，即用什、佰、仟来表示十二进法的位次，那么，在十二进法：

$$7e8t = 7 \times 12^3 + e \times 12^2 + 8 \times 12 + t$$

我们读起便是七仟"依"（e）佰八什"梯"（t）。

再来看小数，在十进法中，如千分之二百五十四，便是：

$$0.254 = 0.2 + 0.05 + 0.004$$

$$= \frac{2}{10} + \frac{5}{100} + \frac{4}{1000}$$

$$= 2 \times \frac{1}{10} + 5 \times \frac{1}{10^2} + 4 \times \frac{1}{10^3}$$

同样的道理，在十二进法中，那就是：

$$0.5te = 0.5 \times 0.0t + 0.00e$$

$$= 5 \times \frac{1}{12} + t \times \frac{1}{12^2} + e \times \frac{1}{12^3}$$

我们读起来便是仟分之五佰"梯"什"依"。

总而言之，在十进法中，上位是下位的十倍。在十二进法中，上位就是下位的十二倍。推到一般去，在r进法中，上位便是下位的r倍。

假如我们用十二进法来代十进法，数上有什么不同呢？其实相差很小，第一，不过多两个数字e和t；第二，有些数记起来简单一些。

有没有什么方法将十进法的数改成十二进法呢？不用说，自然是有的。不但有，而且很简便。

例如：十进法的一万四千五百二十九要改成十二进法，只需这样做就成了。

$$
\begin{array}{r}
12\,\underline{|14529} \\
12\,\underline{|1210}\cdots\cdots 9 \\
12\,\underline{|100}\cdots\cdots 10 \\
8\cdots\cdots 4
\end{array}
$$

$$\therefore 14529 = 1210 \times 12 + 9$$
$$= (100 \times 12 + 10) \times 12 + 9$$
$$= 100 \times 12^2 + 10 \times 12 + 9$$
$$= (8 \times 12 + 4) \times 12^2 + 10 \times 12 + 9$$
$$= 8 \times 12^3 + 4 \times 12^2 + 10 \times 12 + 9$$

照前面说过的用t表示10，那么便得：

十进法的14529＝十二进法的84t9

读起来是八仟四佰梯什九，原来是五位，这里却只有四位，所以说有些数用十二进法记数比用十进法简单。

反过来要将十二进法的数改成十进法的怎样呢？这却有两种办法：一是照上面一样用t去连除；二是用十二去连乘。不过对于那些用惯了十进数除法的人来说，第一种方法与老脾气有些不合，比较不便当。例如要改七仟二佰一什五成十进法，那就是这样：

$$7215 = 7\times12^3 + 2\times12^2 + 1\times12 + 5$$
$$= \left(7\times12^2 + 2\times12 + 1\right)\times12 + 5$$
$$= \left[\left(7\times12 + 2\right)\times12 + 1\right]\times12 + 5$$
$$= \left[\left(84 + 2\right)\times12 + 1\right]\times12 + 5$$
$$= \left[86\times12 + 1\right]\times12 + 5$$
$$= 1033\times12 + 5 = 12041$$

$$
\begin{array}{r}
7215 \\
\times \quad 12 \\
\hline
84 \\
+ \quad 2 \\
\hline
86 \\
\times \quad 12 \\
\hline
1032 \\
+ \quad 1 \\
\hline
1033 \\
\times \quad 12 \\
\hline
12396 \\
+ \quad 5 \\
\hline
12401
\end{array}
$$

上面的方法，虽只是一个例子，其实计算的原理已经很明白了，若要给它一个一般的证明, 这也很容易。

设在 r_1 进位法中有一个数是 N, 要将它改成 r_2 进位法, 又设用 r_2 进位法记出来, 各位的数字是 $a_0, a_1, a_2, \cdots\cdots a_{n-1}, a_n$, 则

$$N = a_n r_2{}^n + a_{n-1} r_2{}^{n-1} + \cdots\cdots + a_2 r_2{}^2 + a_1 r_2 + a_0$$

这个式子的两边都用 r_2 去除, 所剩的数当然是相等的。但在右边除了最后一项, 各项都有 r_2 这个因数, 所以用 r_2 去除所得的剩余便是 a_0, 而商是 $a_n r_2{}^{n-1} + a_{n-1} r_2{}^{n-2} + \cdots\cdots + a_2 r_2 + a_1$。再用 r_2 去除这个商, 所剩的便是 a_1, 而商是 $a_n r_2{}^{n-2} + a_{n-1} r_2{}^{n-3} + \cdots\cdots + a_2$。又用 r_2 去除这个商, 所剩的便是 a_2, 而商是 $a_n r_2{}^{n-3} + a_{n-1} r_2{}^{n-3} + \cdots\cdots + a_3$。照样做下去到剩 a_n 为止, 于是就得:

r_1 进位法的 $N = r_2$ 进位法的 $a_n a_{n-1} \cdots\cdots a_3 a_2 a_1 a_0$

三

倘若我们一直是用十二进位法记数的, 在数学的世界里将有什么变化呢?

不客气地说, 毫无两样, 因为数学虽是从数出发, 但和记数的方法却很少有关联。若客气点儿说, 那么这样便很公平合理了。算理是没有两样的, 只是在数的实际计算上有点儿出入。最显而易见的就是加法和乘法的进位以及减法和除法的退位。自然像加法和乘法的九九表便应当叫"依依"表, 也就有点儿不同了。例如: $(34e2 - t78) \times 143$

$$
(1) \quad
\begin{array}{r}
24e2 \\
- \quad t78 \\
\hline
1636
\end{array}
\qquad
(2) \quad
\begin{array}{r}
1636 \\
\times \quad 143 \\
\hline
46t6 \\
6120 \\
+ \quad 1636 \\
\hline
2092t6
\end{array}
$$

　　上面的算法（1）是减，个位2减8，不够，从什位退1下来，因为上位的1是等于下位的12，所以总共是14，减去8，就剩6。什位的e（11）退去1剩t（10），减去7剩7。佰位的4减去t，不够，从仟位退1成16，减去t（10）便剩6。

　　（2）先是分位乘，3乘6得18，等于12加6，所以进1剩6。其次3乘3得9，加上进位的1得t……再用4乘6得24，恰是2个12，所以进2剩0。其次4乘3得12，恰好进1，而本位只剩下进来的2……三位都乘了以后再来加。末两位和平常的加法完全一样，第三位6加2加6得14，等于12加2，所以进1剩2。

　　再来看除法，就用前面将十二进法改成十进法的例子。

$$
\begin{array}{r}
874 \\
t\,)\overline{7215} \\
68 \\
\hline
61 \\
5t \\
\hline
35 \\
34 \\
\hline
1
\end{array}
\qquad
\begin{array}{r}
t4 \\
t\,)\overline{874} \\
84 \\
\hline
34 \\
34 \\
\hline
0
\end{array}
\qquad
\begin{array}{r}
10 \\
t\,)\overline{t4} \\
t \\
\hline
4
\end{array}
\qquad
\begin{array}{r}
1 \\
t\,)\overline{1\,0} \\
t \\
\hline
2
\end{array}
$$

　　这计算的结果和上面一样，也是12401。至于计算的方法：在第一式t（10）除72商8，8乘t得80，等于6个12加8，所以从72中减去68而剩6。其次t除61商7，7乘t得70，等于5个12加10，所以从61减去5t剩3。再次t除35商4，4乘t得40，等于3个12加4，所以从35中减去34剩1。第二、第三、第四式和第一式的算法完全相同，不过第四式的被除数10是一什，在十进法中应当是12，这一点应当注意。

　　照这除法的例子看起来，十二进法好像比十进法麻烦得多。但是，朋友！倘若你只是觉得是这样，那还情有可原，倘若你认为根本就是如此，那你便是上了你的十个小宝贝的当的缘故。上面的说明是为了你弄惯了的十进法，对于十二进法，还是初次相逢，所以不得不兜圈子。其实你若从小就只懂得十二进法，你所记的自然是"依依"乘法表——见前——而不是九九乘法表。你算起来"梯"除七什二，自然会商八，八乘"梯"自然只得六什八，你不相信吗？就请你看十二进法的"依依"乘法表。

	1	2	3	4	5	6	7	8	9	t	e
1	1	2	3	4	5	6	7	8	9	t	e
2	2	4	6	8	t	10	12	14	16	18	1t
3	3	6	9	10	13	16	19	20	23	26	29
4	4	8	10	14	18	20	24	28	30	34	38
5	5	7	13	18	21	26	2e	34	39	42	47
6	6	10	16	20	26	30	36	40	46	50	56
7	7	12	19	24	2e	36	41	48	53	5t	65
8	8	14	20	28	34	40	48	54	60	68	74
9	9	16	23	30	39	46	53	60	69	76	83
t	t	18	26	34	42	50	5t	68	76	84	92
e	e	1t	29	38	47	56	65	74	83	92	t1

看这个表的时候，应当注意1，2，3……9和九九乘法表一样的10，20，30……却是一什（12），二什（24），三什（36）。

倘若和九九乘法表对照着看，你可以发现表中的许多关系全是一样的。举两个例说：第一，从左上到右下这条对角线上的数是平方数；第二，最后一排第一位次第少1。在九九乘法表中9，8，7，6，5，4，3，2，1第二位次第多1。在九九乘法表是0，1，2，3，4，5，6，7，8，还有每个数两位的和全是比进位的底数少1，在"依依"表是"依"，在九九表是"九"。

在数学的世界中除了这些不同，还有什么差异没有？

要搜寻起来自然是有的。

第一，四则问题中的数字计算问题。

第二，整数的性质中的倍数的性质。

这两种的基础原是建立在记数的进位法上面，当然有些面目不同，但也不过面目不同而已。且举几个例在下面，来结束这一篇。

　　(1) 四则中数字计算问题: 例如"有二位数, 个位数字同十位数字的和是六, 若从这数中减十八, 所得的数恰是把原数的个位数字同十位数字对调成的, 求原数"。

　　解这一种题目的基本原理有两个:

　　(a) 两位数和它的两数字对调后所成的数的和, 等于它的两数字和的"11"倍。如83加38得121, 便是它的两数字8同3的和11的"11"倍。

　　(b) 两位数和它的两数字对调后所成的数的差, 等于它的两数字差的"9"倍。如83减去38得45, 便是它的两数字8同3的差5的"9"倍。

　　运用这第二个原理到上面所举的例题中, 因为从原数中减十八所得的数恰是把原数的个位数字同十位数字对调成的, 可知原数和两数字对调后所成的数的差为18, 而原数的两数字的差为 $18 \div 9 = 2$。题上又说原数的两数字的和为6, 应用和差算的法则便得:

$$(6+2) \div 2 = 4 \text{——十位数字,} \quad (6-2) \div 2 = 2 \text{——个位数字, 而原}$$
数为42。

　　解这类题目的两个基本原理, 是怎样来的呢? 现在我们来考察一下。

(a)　$83 = 8 \times 10 + 3, \quad 38 = 3 \times 10 + 8$

$$\begin{aligned}
\therefore \quad 83 + 38 &= (8 \times 10 + 3) + (3 \times 10 + 8) \\
&= 8 \times 10 + 8 + 3 \times 10 + 3 \\
&= 8 \times (10 + 1) + 3 \times (10 + 1) \\
&= 8 \times 11 + 3 \times 11 \\
&= (8 + 3) \times 11
\end{aligned}$$

　　这式子最后的一段中, $(8+3)$ 正是83的两数字的和, 用11去乘它, 便得出"11"倍来, 但这11是从10加1来的, 10是十进记数法的底数。

(b) $83 - 38 = (8 \times 10 + 3) - (3 \times 10 + 8)$

$$= 8 \times 10 - 8 - 3 \times 10 + 3$$

$$= 8 \times (10 - 1) - 3 \times (10 - 1)$$

$$= 8 \times 9 - 3 \times 9$$

$$= (8 - 3) \times 9$$

这式子最后的一段中，$(8-3)$ 正是83的两数字的差，用9去乘它，便得出"9"倍来。但这9是从10减去1来的，10是十进记数法的底数。

将上面的证明法，推到一般去，设记数法的底数为 r，十位数字为 a_1，个位数字为 a_2，则这两位数为 $a_1 r + a_2$，而它的两位数字对调后所成的数为 $a_2 r + a_1$。所以

（a） $(a_1 r + a_2) + (a_2 r + a_1) = a_1 r + a_1 + a_2 r + a_2$

$$= a_1(r+1) + a_2(r+1)$$

$$= (a_1 + a_2)(r+1)$$

（b） $(a_1 r + a_2) - (a_2 r + a_1) = a_1 r + a_2 - a_2 r - a_1$

$$= a_1 r - a_1 - a_2 r + a_2$$

$$= a_1(r-1) - a_2(r-1)$$

$$= (a_1 - a_2)(r-1)$$

第一原理（a）应当这样说：

两位数和它的两数字对调后所成的数的和，等于它的两数字和的 $(r+1)$ 倍。r是记数法的底数，在十进法为10，故 $(r+1)$ 为"11"；在十二进法为12，故 $(r+1)$ 为13（照十进法说的），在十二进位法中便也是11（一什一）。

第二原理（b）应当这样说：

两位数和它的两数字对调后所成的数的差等于它的两数字差的

$(r-1)$倍，在十进法为"9"，在十二进法为"e"。

由这样看来，前面所举的例题，在十二进法中是不能成立的，因为在十二进法中，42减去24所剩的是1t，而不是18，若照原题的形式改成十二进法，那应当是：

"有二位数，……若从这数中减什梯（1t），……"

它的计算法就完全一样，不过得出来的42是十二进法的四什二，而不是十进法的四十二。

（2）关于整数的倍数的性质，且就十进法和十二进法两种对照着举几条如下：

（a）十进法——5的倍数末位是5或0。

十二进法——6的倍数末位是6或0。

（b）十进法——9的倍数各数字的和是9的倍数。

十二进法——e的倍数各数字的和是e的倍数。

（c）十进法——11的倍数，各奇数位数字的和，同着各偶数位数字的和，这两者的差为11的倍数或零。

十二进法——形式和十进法的相同，只是就十二进法说的一什一，在十进法是一十三。

右面所举的三项中，（a）是看了九九表和"依依"表就可明白的。（b）（c）的证法在十进法和十二进法一样，我们还可以给它们一个一般的证法，试以（b）为例，（c）就可依样画葫芦了。

设记数法的底数为r，各位数字为$a_0, a_1, a_2 \cdots\cdots a_{n-1}, a_n$。各数字的和为S，则：

$$N = a_0 + a_1 r + a_2 r^2 + \cdots\cdots + a_{n-1} r^{n-1} + a_n r^n$$

$$S = a_0 + a_1 + a_2 + \cdots\cdots + a_{n-1} + a_n$$

$$N - S = a_1(r-1) + a_2(r^2-1) + \cdots\cdots + a_{n-1}(r^{n-1}-1) + a_n(r^n-1)$$

因为 $(r^n - 1)$ 无论 n 是什么正整数都可以用 $(r-1)$ 除尽，所以若用 $(r-1)$ 除上式的两边，则右边所得的便是整数，设它是I，因而得

$$\frac{N-S}{r-1} = I$$

$$\frac{N}{r-1} - \frac{S}{r-1} = I$$

$$\therefore \quad \frac{N}{r-1} = I + \frac{S}{r-1}$$

所以若 N 是 $(r-1)$ 的倍数，S也应当是 $(r-1)$ 的倍，不然这个式子所表示的便成为一个整数，等于一个整数和一个分数的和了，这是不合理的。

这是一般的证明，若把它特殊化，在十进法中 $(r-1)$ 就是9，在十二进法中 $(r-1)$ 便是e，由此便得 (b)。

由这个证明，我们可以知道，在十进法中，3的倍数各数字的和是3的倍数。而在十二进法中，这却不一定，因为在十进法中9是3的倍数，而在十二进法中e却不是3的倍数。

从这些例子看起来，假如我们有十二根手指，我们的记数法采用十二进法，与用十进法记数比较起来，无论在数的世界或在数学的世界所起的变化是有限的，而且假如我们能不依赖手指表数的话，用十二进法记数还便利些。但是我们的文明，本是手的文明，又怎么能跳出这十根小宝贝的支配呢？